조선산업
TPS 활용
생 산 관 리

이 헌 지음

GS인터비전

글머리

생산은 소비를 따른다
고객제일주의

우리는 인류 역사상 가장 큰 변화 속에서 살고 있다. 물론 이러한 관점은 시대를 초월하고 보면 언제나 현실적인 충격적인 변화의 연속이었을 것으로 이 시대만의 전유물은 아닐 것이다.

오래 전 불을 발견한 인류도 그러했다. 그리고 뒤이어 신석기 시대의 농경목축의 발전도 그런 충격을 주었다. 다만 최근의 상황은 인류사를 통해 가장 활발히 역동적으로 발전하는 것은 물론이고 따라서 지역적 거리는 물론, 관련성도 있어서도 큰 변화를 가져 온 게 사실이다.

이런 상황은 소비유형에도 큰 변화를 가져왔다. 그야말로 전천후 자원시대를 맞은 것이다. 하지만 최근, 전반적으로 낮아지는 소비추세와 인력 및 조직의 구조조정은 새로운 생산방식을 요구하고 있으며 보다 효율적이고 에너지를 적게 사용하는 방향으로 나아가고 있다.

시장과 생산이 모두 세계화 되어 품질에 대한 요구가 높아지고 있으며, 동일한 품질이라면 가격경쟁을 염두에 두어야만 살아남는다. 특히 온라인을 통한 시장의 확대와 소비자들의 다양한 평가가 실시간적으로 이어지는 환경은 생산자들에겐 투명한 시장에서의 발붙일 가능성을 보다 고민하게 하고 있다.

이는 품질에 대한 여러 개선을 요구하는 것으로 품질확보를 위한 생산에 대한 의식은 매우 중요해졌다. 전례 없는 인터넷을 통한 시장과 같은 변화에서 성공적인 기업활동을 전개하기 위해서는 보다 효율적이고 생산현장에서 타당한 방식을 새로이 발견하는 게 필수적이다.

기업은 이제 더 이상 숨을 곳이 없는 궁지에 몰린 상황이다. 상품은 완전히 개방된 환경에서 소비자의 까다로운 판단을 고려해야할 처지다.

생산이란 “인간이 생활하는 데 필요한 각종 물건을 만들어 내는 것”이란 의미를 갖는다. 이는 인간의 욕구에 필요한 많은 물품과 용역을 만들어 내는 것을 의미한 것으로 결국 재화를 창출하는 과정이다.

여기서 물품이란 자연계로부터 얻어진 물질적인 것들을 가공, 조립, 변형, 제조 등 물리적 변화나 화학적 변화 등의 일련의 과정을 통해 이루어진다.

인간은 사회생활을 영위하기 위해 또는 여러 목적을 달성하기 위하여 많은 재화(물자와 용역)를 필요로 하고 그 과정에서 발생하는 것은 물질적이다.

한편, 용역은 물질적 재화의 생산 이외의 생산이나 소비에 필요한 노무 등을 의미하며, 일반적으로 타인을 위해 수행하는 봉사활동을 나타낸다. 결국 용역은 직접적인 인간의 욕망을 충족시키기 위한 활동인 것이다.

이 책은 생산현장에서 반드시 이해되어야 할 내용으로 구성하였다.

각 기업의 생산현장은 매우 독특한 그들만의 조직과 관리·생산방식이 자리 잡고 있다. 하지만 이러한 유형들이 자칫 타성에 젖고 안일한 자세를 갖도록 한다면 기업의 위기는 언제라도 닥칠 것이며 기업은 곤란에 빠질 수밖에 없다.

따라서 여기서는 생산방식에서 기본적으로 활용되던 기법들을 정리하여 새로운 환경과 구조에 능동적으로 개선·발전시킬 수 있도록 기술하려했다.

생산의 개념
생산관리 기법

이 책은 크게 4개의 부문으로 구성된다.

제1부에서는 생산의 개념을 이해하기 위한 생산역사와 기업 및 경제 그리고 경영에 대한 기초적인 부문을 기술하고 그에 필요한 의식을 나타내었다.

제2부는 구체적인 생산관리 기법을 소개하며 보다 융통적이고 활용적으로 이해하기 위해 기업 현장에서의 적용관계를 나타내었다.

제3부에서는 TPS(TOYOTA Production System)의 중추적인 기법을 상세하게 상호 연관 지어 설명했다.

제4부에서는 선박을 중심으로 한 조선해양산업에 대하여 기술함으로써 이 분야의 생산관리기법으로서의 이 책의 활용 가능성을 찾도록 하였다.

하지만 부족한 점들이 많이 있으며 이는 강의나 다른 자료들을 통해 보완해야 할 것이다.

특히, 소개하는 생산관리기법은 도요타 생산방식(TPS : TOYOTA Production System)을 중심으로 나타냈으며, 필요한 개념과 표현방법은 현실에 맞게 조정하였다.

더불어 가능하면 제조업 중에서도 조선해양산업에서의 적용을 고려하여 여러 상황을 반영하였으며, 이를 위해 기본적인 선박 건조에 대한 부문과 개념을 추가하였다.

조선산업에서도 TPS적용은 필수적이다

연구실에서 이걸

차 례

3부 TPS 97

4부 선박 기초 131

색인 159

1부
생산관리의 개념

1부 생산관리의 개념

1 생산의 개념

“**인간이 생활하는 데 필요한 각종 물건을 만들어 내는 것**”이란 의미를 지닌 생산이라는 말은 인간의 욕구에 필요한 많은 물품과 용역을 만들어 내는 행위를 뜻한다.

인간은 사회생활을 영위하기 위해 또는 여러 목적을 달성하기 위하여 많은 **재화**(물자와 용역)를 필요로 한다.

물품이라는 것은 자연계로부터 얻어진 물질적인 것들을 가공, 조립, 변형, 제조 등 물리적 변화나 화학적 변화의 일련의 과정을 통해 이뤄지는 것으로 물질적인 것이다.

용역은 물질적 재화의 생산 이외의 생산이나 소비에 필요한 노무 즉 근로에 관한 것으로, 일반적으로 타인을 위하여 행하는 봉사활동을 뜻한다. 그러나 경제학에서는 토지·자본·노동이라는 각 생산요소나 정부 등이 재화를 생산하거나 또는 직접 인간의 욕망을 충족시키고자 하는 전반적 봉사활동을 의미한다.

모든 생산은 자연에 작용을 가하여 재화를 획득하는 과정의 행위이며, 투입과 산출이라는 생산과정으로 나타난다. **생산과정**은 사용가치를 창출하는 것으로 ‘인간생활의 영구적인 자연조건’에 해당한다.

생산과정의 이 같은 측면을 **노동과정**이라고 하며, 노동과정은 노동과 노동대상 및 노동수단으로 이루어진다.

노동은 물질적 요소인 노동대상과 노동수단을 쓰는 소비과정이다. 생산적 소비는 본래의 소비인 개인적 소비와는 다르다. 개인적 소비에 있어서 생산물은 개인의 생활수단으로서 소비되지만, 생산적 소비에 있어서 생산물은 생산수단으로서 소비됨과 동시에 노동력 자체가 소비되기 때문이다. 또한 생산과정은 사용가치의 생산과정임과 동시에 가치의 생산과정이다. 가치형성과정이라는 측면에서 보아 중요한 의미를 갖는 것은 생산수단의 소유형태를 기초로 하는 생산관계다.

자본중심의 사회에 있어서 생산수단은 자본가가 소유하며 직접 생산활동을 하는 노동력을 구입하여 노동력의 가치를 재생산한다.[1]

따라서 생산은 사람의 경제활동의 주된 활동이며 토지나 원재료 등에서 사람의 요구를 충족하는 재화를 만드는 행위나 그 과정을 가리키며, 소비에 대한 상대어가 된다. 경제학에서는 생산과 더불어 상품에 부가가치가 부여된다고 여기기도 한다.[2]

생산은 전통적으로 1차 산업, 2차 산업 및 3차 산업으로 구분하고 있으나, 시대적 개념에 따라 4차 산업, 5차 산업 및 6차 산업 등의 것도 있다.

□ 1차 산업

- 천연 자원을 직접 이용하는 경제 부문으로 원시산업
- 농업, 임업, 어업, 광업, 원유추출 등 원재료를 채취하는 생산

□ 2차 산업

- 생산, 건설과 같이 완성된 산물을 만들어내는 경제 부문
- 제조공업, 토목 건축업 및 전기·가스 공급업 등
- 1차 산업의 산출물을 통해 새로운 완성된 제품 제조
- 경공업과 중공업

□ 3차 산업

- 서비스 산업
- 교통, 상업, 무역, 관광업, 운수, 통신, 금융, 보험, 물류유통 등
- 발전된 국가는 1, 2, 3차 산업이 균형 있게 발전
- 경제발전에 따라 3차 산업 비중 증가

---

1) 위키백과
2) 위키백과

대부분의 선진국은 3차 산업의 비중이 높다. 그러나 반드시 그렇지 않는 측면도 있으며, 이는 경제가 발전할수록 선진국들은 탈공업화 사회로 나아가 생산과 고용의 측면에서 제조업의 비중이 감소하고 서비스업의 비중이 높아지는 후기산업사회 혹은 정보화 사회로의 특징을 보인다.

인터넷을 비롯한 정보통신이 발달함에 따라 경제 활동의 공간제약이 줄어들고 서비스업의 발달이 촉진되는 현상은 산업구조가 고도화 될수록 서비스업의 비중은 높아지는 것을 의미한다고 볼 수 있다.

□ 4차 산업

- 지식산업
- 정보·지식 산업의 진전과 더불어 발전
- 사회문화 수준이 높아짐에 따라 정보·지식을 자본으로 한 기업
- 미국의 경우 국민총생산(GDP)의 3분의 1이 지식산업에 종사

□ 5차 산업

- 지식과 정보를 초월하여 즐길 수 있는 문화적 요소를 생산
- 오락 및 패션 레저사업 등 삶을 즐기기 위한 진보적 산업

□ 6차 산업

- 농촌에 존재하는 모든 유무형의 자원을 바탕으로 1차 산업인 농업 및 식품과 2차 산업인 특산품 제조가공, 3차 산업인 유통 판매, 문화, 체험, 관광, 서비스 등을 연계한 산업
- 새로운 부가가치를 창출하는 활동 특징
- 다분히 창의력 및 상상력과 과학기술, ICT 융합을 통한 새로운 시장과 산업 육성으로 양질의 많은 일자리 창출을 위한 경제 패러다임 의도
- 농업생산물에 창의력과 상상력을 더하여 다양한 형태의 가공 상품(식품, 의약품, 건강식품, 생활용품 등)과 관광 체험 서비스 상품 개발

5, 6차 산업에 대한 분류는 새로운 시대적 발상에 의한 구분이다.

이와 같이 산업에서의 생산은 시대적으로나 지역적으로 다양하게 정의되고 개념을 확대 또는 융통적으로 적용하고 있는 실정이다.

2 생산의 역사

고대 인류의 등장은 직립보행을 시작한 것으로 그 출현[3]을 정의한다. 이후, 다양한 활동과 도구를 만들며 계속적으로 진화하며 오늘에 이르는 인류는 근본적으로 생산혁명을 추구하고 있다.

인류는 초기 선사시대의 단순히 직립보행(오스트랄로피테쿠스)함으로써 발전을 시작했다. 직립을 통해 걷는 것에서부터 자유로워진 두 팔은 서서히 다양한 활동이 가능한 손으로 발달하였고, 드디어 원시인류는 도구(호모 하빌리스)를 만들어 사용하는 과정들을 거쳐 불을 발견(호모 에렉투스)하기에 이르렀다.

이어 동굴에서의 생활과 언어를 사용(호모 사피엔스)하며 구석기 시대의 여러 유산을 남겼고, 두꺼운 토기의 사용이나 돌을 이용한 생활도구들은 그 시대의 특징으로 생활에 필요한 생산이 급격히 성장하는 과정을 보여주었다.

돌을 중심으로 한 인류문화는 세석기와 질 높은 토기들을 등장시키며 신석기 시대를 맞이하는 과정으로 이어졌다.

신석기 시대는 인류사의 첫 혁명으로 불리는 농경목축을 자리 잡게 하고 진정한 인류적 존재로서 가치를 보였다. 이 시대의 주요 생산물품은 빗살무늬토기나 돌과 나무 또는 동물의 뼈를 이용한 농기구 및 생활 도구로 이들은 생산수준의 정도를 판단하게 한다.

- 오스트랄로피테쿠스 : 직립
- 호모 에렉투스 : 도구사용, 불
- 호모 사피엔스 : 언어, 동굴생활
- 호모 사피엔스사피엔스 : 신석기시대

이어 중세에는 초기의 민족이동시대 이후 혼란과 무질서한 사회가 안정되며 상업활동이 활발히 전개되는 수공업형태의 생산 활동이 빠르게 발전하였다.

3) 600만 년 전, 오스트랄로피테쿠스(Australopithecus)

유럽을 중심으로 길드라는 상공업자들의 동업조직이 형성되어 빠르게 중세도시들은 발전하였으며, 길드를 통해 제품의 가격과 품질, 생산방법 등 제품표준을 규정하고 작업조건과 임금이 명문화되었다. 따라서 이즈음엔 공급이 수요를 초과하지 못하도록 통제할 필요가 제기되기도 하였다.

진정한 의미의 생산관리는 산업혁명에 의한 급진적인 산업발전과 역사를 같이 한다. 산업혁명을 통해 대량생산과 국가 간의 교류가 활발해지면서 품질관리 역사 또한 급속히 발전하기 시작했으며 제조과정을 합리화하는 생산관리는 무엇보다 중요해졌다.

- J. Hargreaves
  1764년 방직기 개발
- James Watt
  1764년 증기기관 발명
- R. Arkwright
  1771년 수력방직기로 최초의 공장시스템 개발
- Adam Smith
  1776년 '국부론'에서 분업개념 소개
- Samuel Crompton
  1779년 MULE 방적기 발명
- E. Cartwright
  1785년 동력 직조기 발명
- C. L. Berthollet
  1785년 염소 표백제 발견
- H. Maudslay
  1797년 나사선반 발명으로 기계화 촉진

- Eli Whitney
  1798년 호환성 부품 개념 소개
  표준화를 통한 대량생산

3 S

- 전문화 (specialization)
- 단순화 (simplification)
- 표준화 (standardization)

- Charles Babbage
  1832년 '공장 기계의 경제성'
  관리의 개념과 중요성 역설

숙련제한의 원칙(The Principle of Limiting Skills)

- 생산비용 중에서 변동비와 고정비와의 관계 분석
- 과학적 공장운영, 라인과 스텝의 조직형태로 기업운영 주창
- 생산과 인간관계의 문제
- 작업시간 및 낭비 감소
- 신제품의 개발과 광고, 판매에 관심, 판매관리에 관한 개념

- H. R. Towne
  1866년 '경제학자로서의 엔지니어' 효과적인 공장관리

- Frederick Winslow Taylor

  1911년 '과학적 관리법의 원리' :

  작업을 과학적으로 관찰, 측정, 분석하여 최선의 방법을 파악하고, 표준화 시킨 다음 모든 작업자들에게 훈련시켜 작업의 능률을 향상

테일러시스템(Taylor System)
과학적 관리법
차별능률급제
과업관리

- Frank Gilbreth와 Lillian Gilbreth

  1912년 동작연구 개발
- Henry Gantt

  1913년 간트 도표 고안
- Henry Ford

  1913년 조립라인 도입, 부품의 호환성과 단순성에 의해 대량생산방식으로 생산성 혁신, 분업과 전문화 촉진
- F. W. Harris

  1915년 경제적 주문량(Economic Order Quantity) 모형 개발
- Henri Fayol

  1916년 Top-down 경영기법 개발
- Walter A. Shewhart

  1924년 공정관리도 개발
- Elton Mayo와 F. Roethisberger

  1939년 호손공장의 실험을 통해 인간관계론 제시
- H. F. Dodge와 H. G. Romig

  1935년 샘플링기법 개발

- George Dantzig
  1947년 심플렉스법(simplex method)
- Joe Orlicky
  1970년대 자재소요계획 (MRP : Material Requirements Planning)
- Wickham Skinner
  1969년 생산전략
- JIT(Just-In-Time)시스템 개발
- 공장자동화
- TQM(Total Quality Management)
  1980년대 품질 관심 고조

한편, 미래의 생산관리는 다음의 특징을 보인다.

- 국제화된 경쟁 환경
  - 경쟁범위 확대
  - 경쟁양상 복잡
  - 보호무역주의 쇠퇴
  - 국가 간 인적자원 교류 가속화
  - 시장의 범위 확대
  - 해외공급업자와의 거래 급증
  - 고객수요의 다양화
- 비용, 품질, 적기공급, 생산 탄력성, 생산시간 등 경쟁 척도
- 기업 자원의 효과적 운용을 위한 생산운영전략 수립
- 서비스업체나 비영리 조직에 품질의식 확산
- 네트워크를 통한 정보 교류
- 컴퓨터를 통한 계획 수립 및 통제
- 기업 내 다른 부서와 공조
- 경영전략과 마케팅의 상호 연계

Coffee Break

[자주성]

16세기 말, 진정한 일본의 통일(에도시대)을 이룬 도쿠가와 이에야스는 기슈번의 통치를 위해 그의 아들 요리노부를 보낸다. 어린 요리노부는 아직 정치적 지혜가 부족하여 안도오 나오츠구를 후견인으로 삼아 함께 보냈다.

도쿠가와 이에야스 명언

- 사람의 일생은 무거운 짐을 지고 가는 먼 길과 같다. 서두르지 말라.
- 인내는 무사장구의 근본이고 분노는 적이다.
- 이기는 것만 알고 지는 것을 모른다면 반드시 해가 미친다.
- 오로지 자신만을 탓할 것이며 남을 탓하지 말라.
- 모자라는 것이 넘치는 것보다 낫다.
- 자기 분수를 알라.
- 마음에 욕심이 차오르면 빈궁했던 시절을 떠올려라.
- 풀 잎 위에 이슬도 무거우면 떨어지게 마련이다.

안도오 나오츠구는 어린 주군의 아들 요리노부를 엄하게 단련시켜 명군으로 불리게 하였다.

이런 나오츠구의 결재방법은 독특했다. 부하가 결재를 받으러 오면 '좋아'가 아니면 '안 돼'로만 답했다. 수정이 필요한 경우에도 '안 돼' 한 마디로 끝냈다. 훗날 행정을 총괄하게 되는 도이 토시카츠가 이를 보다가 의문이 생겨 나오츠구에게 물었다. "왜 안 된다고만 하고 추가적인 의견이나 수정에 대한 얘기를 하지 않습니까?"

이에 나오츠구는 "기슈번 가문을 위한 일이다. 가문의 사람을 키우기 위해 지시를 내리지 않는다. 만약 내가 직접 지시를 내리면 그 내용대로만 따라하고 스스로 생각하거나 지혜를 내지 않을 것이다. 그래서는 참된 인재를 기를 수 없다."라고 답했다.

"자주성은 스스로 생각하고 스스로 실행하는 것이니,

지시를 기다리는 것으로는 기를 수 없다."

3 생산성

생산성은 생산과정에서 생산요소를 얼마나 효율적으로 결합하여 그 결과물을 얼마나 만들어 내는가에 대한 것이다. 이때 투입된 자원에 비해 산출된 생산량이 어느 정도인가를 나타내는 척도로 생산성이 높을수록 상대적으로 적은 양의 자원을 투입하여 많은 양의 제품이나 서비스를 생산할 수 있다. 이는 제품에 투입된 자원의 원가가 그만큼 낮아진 것을 의미한다.

노동생산성 지수동향은 주요 내용으로 제조업, 서비스업, 광업, 전기, 가스 및 수도업 부문의 물적 노동생산성지수, 산출량지수, 노동투입량지수 등의 변동추이를 나타낸 것이다.

$$\text{생산성} = \frac{\text{산출물의 가치}}{\text{투입물의 가치}}$$

생산성 산출은 어떤 재화를 생산할 때 투입된 생산요소의 양에 대한 산출량의 비율로 구할 수 있다.

생산성 산출에서 분모에 해당하는 것은 토지·노동·자본 등 전통적인 생산요소의 투입량 등이다. 이들을 개별적으로 다루면 단일요소의 생산성을 구할 수 있으며 모든 요소를 고려해 종합적 평가치를 얻을 수도 있다.

특히, **부분생산성**은 투입물에 들어가는 요소가 하나인 경우를 의미하며, **다요소 생산성**은 투입물에 2개 이상의 요소가 포함되지만 모든 투입물을 전부 포함시키지 않았을 경우다.

총생산성은 전체 요소를 전부 투입물에 포함했을 경우를 의미하며, 산출물은 수량 단위로 표시한다.

생산성 중에서도 가장 많이 사용되는 것은 **노동생산성**(productivity of labour)이다. 이는 모든 생산에 노동이 투입되므로 측정하기 쉽기 때문이며, 일반적으로 생산성이라고 하면 노동생산성을 의미한다.

생산성 의식, 경영, 노동, 설비, 기술 등

노동생산성 이외에도 **자본생산성** 및 **원재료생산성** 등이 있다.

- 원생산성 = 매출액 / 인건비
- 총생산성 : 생산량 / 총요소비

$$노동생산성 = \frac{생산량}{투입된노동량}$$

$$물적노동생산성 = \frac{생산량}{노동시간(노동량)}$$

$$부가가치노동생산성 = \frac{국내총생산(GDP)}{노동시간(노동량)}$$

노동생산성은 일정 시간이 투입된 노동량과 그 결과인 생산량과의 비율로, 근로자 1인이 일정기간동안 산출하는 생산량 또는 부가가치를 나타낸다. 노동투입량에 대한 산출량의 비율은 물적 노동생산성과 노동 투입량에 대한 부가가치의 비율을 나타내는 부가가치 노동생산성으로 나타낼 수 있다.

물적 노동생산성은 생산효율이나 생산기술 수준 등을 파악하는데 적합하며, 부가가치 생산성은 기업의 이익에 더 접근한 것으로 분배기준이나 임금 지불능력 등 가치창출의 효과를 평가하는데 적합하다.

노동생산성이 향상되면 상품의 가격은 하락하고 자체 생산에 필요한 비용이 낮아져 판매가격을 변경하지 않고도 기업의 이윤은 높아진다.

생산성의 중요성

국가경쟁력 향상 요소
한정된 기업의 자원을 효율적으로 이용
생산성 향상의 효과

생산성 측정 방법

- 국가경제의 생산성
  총요소 생산성, 노동생산성, 자본생산성 등
- 기업의 생산성
  노동생산성 = 매출액 / 노동시간

설비생산성은 산출량에 대한 설비투입량으로 결정할 수 있으며, 원재료 생산성은 산출량에 대한 원재료 투입량으로 산출할 수 있다.

생산성의 모순성

① 직접노동의 능률향상에 과도한 비중
② 생산성만 강조함으로써 다른 제조과정에 대한 전략의 경시화
③ 생산전략과 일체감의 상실
④ 기술혁신에 대한 신속한 도입 저해
⑤ 근로자 스트레스 증가
⑥ 단기적이고 전술 지향적 의사결정 유발 등

따라서 기업체의 개별부서에 대한 생산성 측정에서는 다음과 같은 3 가지의 원칙을 고려할 필요가 있다.

생산성의 측정의 3원칙

① 측정지표에 대한 각 부서장의 자율적 개발 권유
② 단계별로 조직 상호간의 연결 작성
③ 모든 조직원들의 책임소재 포함

우리나라 제조업의 생산성은 미국을 기준(100)으로 51%에 불과하며, 그 원인으로 정부의 상품시장 규제, 기업의 지배구조 및 노동의 경직성을 지적하고 있다.[4]

또, 우리의 중소기업의 생산성은 일본의 55%, 노동생산성은 일본과 비교하여 54.8% 인 것으로 나타나고 있는 현실이다.[5]

생산과 생산성의 개념에서 생산이란 원재료(Material)에 사람(Man) 및 설비(Machine)를 투입하여 제품이나 서비스를 만들어 내는 과정(Process)을 의미한다.

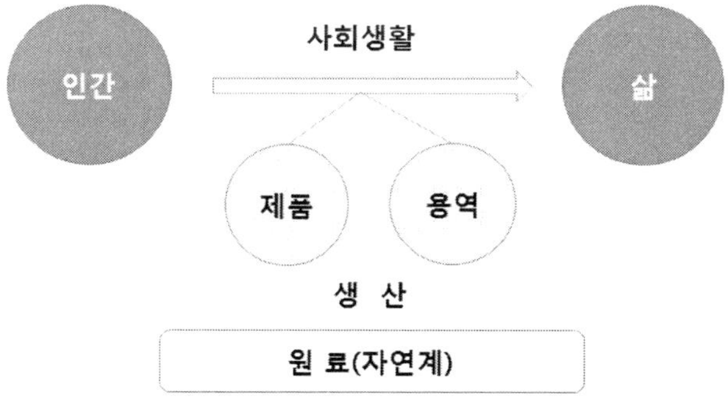

[생산의 개념]

4) 미 맥킨지 '한국재창조' 보고서
5) KOSBI 리포트 '3년 경영성과로 본 한일 중소기업 경쟁력 비교' 보고서

[생산의 구성요소]

생산성을 높이는 방법

- 동일 가치, 동일 양을 생산하기 위해 기존보다 적은 양을 투입하는 방식
- 동일 양의 투입으로 기존보다 높은 가치, 많은 수량을 산출하는 방식
- 보다 높은 가치추구(기능적·품질적)를 위해 투입을 보다 많이 하는 방식

Coffee Break

[Leader & Boss]

보스는 사람들을 몰고 간다. 리더는 이끌고 간다.
보스는 권위에 의존한다. 리더는 선의에 의존한다.
보스는 회초리를 필요로 한다. 리더는 회초리를 필요로 하지 않는다.
보스는 '나'라고 말한다. 리더는 '우리'라고 말한다.
보스는 '가라'고 명령한다. 리더는 '가자'고 권한다.
보스는 등 뒤에서 일한다. 리더는 공개적으로 일한다.
보스는 남을 믿지 않는다. 리더는 남을 믿는다.
보스는 겁을 준다. 리더는 희망을 준다.
보스는 복종을 요구한다. 리더는 존경을 모은다.

리더는 앞에서 이끈다. 보스는 뒤에서 호령한다.
리더는 대중의 눈으로 세상을 본다. 보스는 자기 눈으로만 세상을 본다.
리더는 약점을 숨기지 않는다. 보스는 두려워 자기의 약점을 숨긴다.
리더는 자기 의견에 반대하는 사람도 가까이 한다. 보스는 자기와 의견을 달리하는 사람을 미워한다.
리더는 권위를 쌓는다. 보스는 권력을 쌓는다.
리더는 타협을 잘하고 대화를 즐긴다. 보스는 타협을 모르고 대화를 거부한다.
리더에게는 여러 개의 귀가 있다. 보스에게는 듣기 좋은 말만을 듣는다.
리더는 잘못을 알려준다. 보스는 누가 잘못하고 있는가를 지적한다.
리더는 말에 책임을 진다. 보스는 자기 말도 무시한다.
리더는 지지자를 만든다. 보스는 부하만을 만든다.
리더는 권위마저도 즐기지 않는다. 보스는 권력을 즐긴다.
리더는 권력이란 하나의 수단에 지나지 않는다고 여긴다. 보스는 권력이 전부라 생각한다.
리더는 자기 후계자의 짐을 덜어 준다. 보스는 후계자에게 무거운 짐만 떠넘긴다.
리더는 자기가 밟은 땅에서 눈을 떼지 않는다. 보스는 무지개만 바라본다.

4 기업

기업은 영리를 목적으로 재화(물품이나 서비스)의 생산·판매 등에 필요한 활동을 계속적으로 수행하는 조직체로서 자본의 출자 형태에 따라 사기업·공기업·공사 합동 기업 등으로 분류한다.

사기업이란 개인이 영리 등을 목적으로 운영하고, 공기업은 국가 또는 공공단체가 공공의 목적을 위하여 운영한다. 이들은 다시 개인, 상인, 민법상의 조합과 상법상의 특수조합, 합명회사·합자회사·주식회사 등으로 분류할 수 있고, 일반적인 기업으로는 주식회사 형태의 사기업이 대표적이다.

기업은 그들이 생산한 부가가치로써 이익을 추구하는데 창출된 부가가치는 대부분 이윤으로 나타난다.

기업을 하나의 구조로 볼 때, 이 구조는 노동, 자본, 물자, 기술, 에너지 등의 투입물(Input)을 물리적, 화학적으로 가공하여 투입물과는 형태나 성질 및 가치가 다른 산출물(재화 : 제품과 서비스)로 바꾸는 역할을 한다. 이때 산출물과 투입자원의 가치를 화폐로 환산한 것을 수익과 비용이라 하고, 기업은 이 과정의 수익을 최대화하고 비용을 줄임으로써 그 차이인 이윤을 극대화하기 위해 만들어진 조직이다.

이익 = 판매 - 원가

판매는 시장에 의해 결정되므로 기업의 이익을 위해 내부적으로는 원가에 대한 절감에 노력을 기울인다. 이러한 노력은 생산성을 향상시키는 것에 있고 결국 생산관리의 필요성이 구체적으로 나타난다.

기업설립 목적	• 최대이윤의 획득
	• 이윤의 사회적 환원

기업의 경제적 목적

- 이윤을 추구하는 수익성
- 발전을 추구하는 성장성
- 목적간의 균형·중요도를 추구하는 탄력성

기업의 비경제적 목적

- 기업의 사회적 책임
- 기업의 사회적 봉사

사회적 기업과 영리기업의 비교

구 분	목 적	제약조건
사회적 기업	사회적 문제해결	경제적 자립
영리기업	이윤창출 극대화	사회적 책임 (CSR)

개인기업 (혼자서 자본을 대 기업)

- 종업원 없이 가족과 함께 경영하는 방식
- 종업원을 고용한 경영 방식

개인기업은 기업형태 중 가장 오래된 유형으로 사기업의 원형이 되며, 기업 자본을 1인이 출자하고 출자자가 기업을 소유하고 경영하는 형태를 갖는다.

개인기업의 장단점

- 장점 : 대표(사장) 성의가 최대로 발휘
- 단점 : 경영 인재와 자금 확보 곤란

한편, 우리나라의 재벌기업은 규모가 크고 일반적으로 주식회사의 형태를 지니고 있지만 실제 경영에는 개인기업적인 속성이 남아 있다. 이러한 특징은 회사의 자금과 사장 개인적 자금에 대한 명확한 구분이 없어 **횡령**[6]과 **배임**[7]이 언제라도 나타날 수 있다.

공동기업은 개인기업의 자본, 기술, 생산능력상의 한계를 극복하기 위한 기업형태다. 2인 이상의 출자자에 의해 설립되며 소수공동기업인 합명회사, 합자회사, 익명조합, 유한회사가 있고, 다수공동기업인 주식회사, 협동조합, 상호회사, 공기업, 공사공동기업 등이 있다.

합명회사

- 집단기업의 초기 형태
- 개인기업과 달리 다수 출자자로 구성
- 친족 간 설립 사례가 많음
- 출자자의 무한책임
- 출자자의 공동의사 결정 구조
- 출자규모 확대에 제약이 따름

6) 공금이나 남의 재물을 불법으로 가로 챔
7) 자기가 맡은 일을 저버림

합자회사

- 합명회사에서 발전
- 출자자 중 경영에 참가하지 못하는 사례 발생
- 무한책임사원[8](지배권과 책임)과 유한책임사원[9]으로 구분

무한책임은 의미 그대로 회사에 대한 책임에 한계가 없는 것으로 회사채무는 개인 자산으로라도 갚아야 한다. 유한책임은 회사가 부도나면 출자한 부분만큼만 손해를 보는 구조다.

경제적으로는 무한책임사원이 경영하는 사업에 유한책임사원이 자본으로 참가하는 형식이며, 이런 의미에서 인적요소와 물적요소의 결합형태로 볼 수 있다.

합자회사의 단점은 유한책임사원이 자신의 출자부분을 쉽게 회수할 수 없는 것이며, 이는 자신의 지분을 인수할 투자자를 스스로 찾아야 한다.

유한회사

- 일반적으로 소규모 회사
- 주식회사가 간이화된 형태로 중소기업 경영에 유리
- 조직이 폐쇄적이며 법규제가 간소
- 사원은 출자구좌(지분)에 의해 권리의무가 작용

8) 회사의 채권자에 대하여 연대로 무한 책임을 지는 사원
9) 합자회사에서 회사의 채무에 대해 그 출자액의 한도 내에서 책임을 지는 사원

주식회사

- 사기업 중 가장 발전한 모델
- 자본가의 자본과 일반 대중 자본의 결합
- 모든 출자자가 유한책임만 지님
- 주식양도가 자유롭고 용이함
- 막대한 자본조달에 유리
- 지배주주가 아닌 일반주주는 경영에서 소외됨
- 전문경영인 등장

주식회사의 법적 기관으로는 주주총회, 이사회, 대표이사가 있으며, 주주총회는 최고의결기관으로 경영권 분쟁 시 주요 대결장이 된다.

이사회는 이사들로 구성되며 회사의 경영방침을 결정한다. 이사회에서 대표이사가 선임되며, 사내이사 및 사외이사로 구성된다. 이는 IMF 사태 이후 은행과 대기업에 대하여 사외이사에 대한 의무로 인한 것이나 로비 등 유명무실하다는 견해가 높다.

이사의 의무는 회사의 이익을 희생해서 자기나 다른 이의 이익(횡령, 배임 등)을 도모해선 안 되도록 구정 되어져 있으며, 이사의 업무집행과 회계에 관하여 감사를 두고 있다.

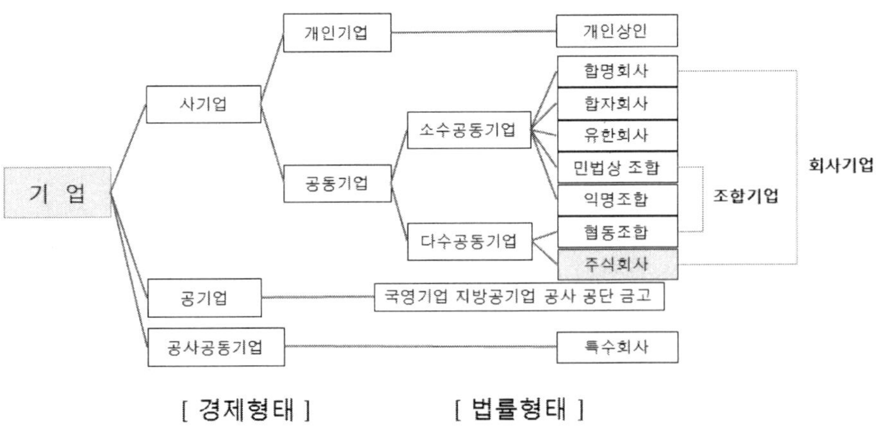

[기업의 분류]

주식회사의 장단점	
장 점	**단 점**
보다 많은 투자자금 확보	해체의 곤란
출자자의 유한책임	설립비용 증대
폭넓은 인적·물적 자원 활용	법인세·소득세 신고대상
소유이전 용이성	정부규제와 각종 보고 의무
영속적 수명	시장변화에 신축적이지 못함
소유와 경영의 분리	이중과세대상(법인소득세 및 배당소득세)
전문경영인의 경영	

5 경제단체

전국경제인 연합회 (전경련)

- 1961년 민간 경제인으로 구성된 순수 민간종합단체
- 업종별 경제단체와 대기업으로 구성
- 자유시장경제 창달과 건전한 국민경제 발전 추구

대한상공회의소

- 1884년 설립
- 지역 내 상공업 개선·발전·지역사회개발 등 추구
- 특별법 '상공회의소법'에 따라 형성된 종합경제단체

한국무역협회

- 1946년 설립
- 무역진흥을 위한 사단법인
- 무역업 이익도모, 권익 옹호, 수출증진

중소기업 협동조합

- 1962년 설립
- 중소기업협동조합법으로 된 특수법인
- 중소기업 협동조합 중앙회

한국경영자총협회 (경총)

- 1970년 설립
- 노사문제 담당의 사용자 단체
- 인사관리, 노사관리, 복리후생, 산업안전 등 근로자와 관계된 광범위한 내용 취급

생각의 시간 : 의식

생산하는 사람

6 경영

경영(Management)은 주고받는 거래관계가 조직적이고 종합적으로 관리되는 것이다.

경영의 구체적 정의

- 하나의 과정
  - 계획수립, 결정, 평가와 같은 일련의 지속적인 활동
- 인적자원, 물적자원, 정보 등 여러 자원을 모으고 이용하는 활동
- 과업을 달성하기 위한 목표 지향적 활동
- 하나의 조직 내에서 수행되는 활동
- 각 경제주체가 사회적 존재로서 생존·발전하기 위해 인적·물적·자본 등을 계획하고 조직하며 지휘·통제하는 연속적 과정

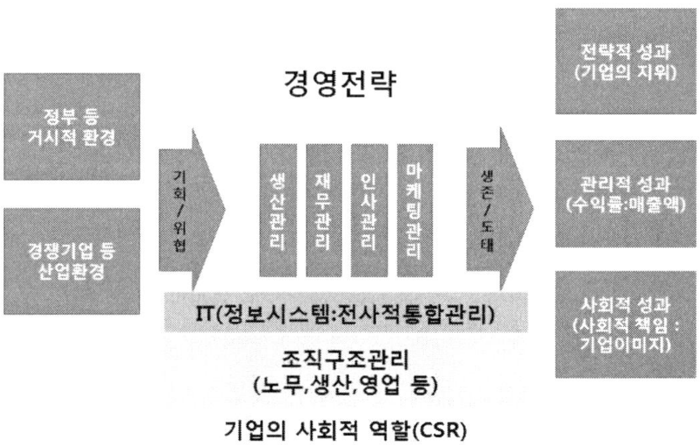

[기업경영의 구성요소]

경영에 대한 3가지 관점

① 의사결정 측면

- **전략적 의사결정**
  - · 최고 경영자 층에서 이뤄지는 활동
  - · 기업의 장기목표 및 자원배분 등 기업전반에 영향을 미침
- **관리적 의사결정**
  - · 중간 경영층에서 이뤄지는 활동
  - · 기업목표 달성을 위한 자원획득, 효율적 사용
- **기능적 의사결정**
  - · 일선 경영층에서 이뤄지는 활동
  - · 특정 업무의 효율화와 효과적인 수행

② 과정측면

- 계획
- 조직
- 지휘
- 통제

③ 업무측면

- **인사**
  - · 사람과 관련된 모든 활동
  - · 채용, 교육훈련, 배치 등 인적자원관리
  - · 원만한 노사관계 유지관리
- **영업(마케팅)**
  - · 고객 요구와 기업목표를 만족시키기 위한 제품 교환 활동
- **생산**
  - · 가용 자원을 사용하여 고객이 원하는 제품이나 서비스 창출
- **재무·회계**
  - · 필요한 자본을 합리적으로 조달하고 효과적 운용
- **안전·환경**
  - · 안전한 생산현장 등 작업장의 친환경적 관리
- **자재·부품**
  - · 생산을 위한 원활한 원자재·재료 등을 관리

- 경영대상 : 조직
- 경영내용 : 전략, 관리, 운영
- 경영주체 : 경영자

경영의 3가지 활동

① **전략(Strategy)**

조직체의 사회적 역할에 따라 목적을 설정하고 그 목적을 달성하기 위하여 외부환경으로부터 주어지는 기회를 포착하는 의사결정 활동

② **관리(Management)**

결정된 전략을 실행하는데 있어서 투입 자원을 최소화하거나, 주어진 자원을 이용하여 추구하는 목표 달성도를 최대화하는 활동 또는 이 두 가지를 동시에 추구하는 활동

③ **운영(Operation)**

관리활동을 정해진 방식과 체계에 따라 목적을 수행하는 것으로 조직이나 기구, 사업체 등을 운용

경영활동의 단계

- **계획(Plan)**

  조직의 미래를 설정하고 이를 이루기 위한 대안들을 분석하며, 분석을 통해 가장 좋은 실행방안 선택

- **실행(Do)**

  조직목적을 달성하기 위해 조직구성원들에게 동기부여 시키는 과정 경영자는 조직의 목적을 이해하고 이를 성취하도록 노력하며, 조직 구성원을 지휘하고 구성원들 간의 갈등을 해결

- **평가(See)**

  작업표준을 설정하고 그 진척정도를 파악하며 조직목적을 유지하기 위해 필요한 경우 표준 등을 갱신

생각의 시간 : 경영

경영하는 사람

7 대기업과 중소기업

대기업

- 상시 근로자 수가 1천명 이상 기업
- 자산총액이 5천억원 이상 기업
- 자기자본이 1천억원 이상 기업
- 직전 3개 사업연도 평균 매출액이 1천5백억원 이상 기업
- 그룹 내 상호출자 제한
- 대기업이라고 인지하는 기업
- 흔히 30대기업으로 불리는 기업

중견기업

- 산업군마다 다르지만 일반적으로 상시근로자 100~300명이상 (300~900명)
- 매출액 400억~1조 미만, 자본금 30~80억
- 계열사 매출액 총합이 5조원 이상
- 중견기업 지원을 위한 특별조치법
- 종업원 수 300~999명 또는 자본금 80억 초과~1,000억원 이하

중소기업

- 중소기업기본법 적용 대상
  영리법인 또는 개인사업자로서 사업주 본인을 포함하여 1인 이상 근무하는 모든 사업자를 대상
- 제외대상
  비영리 사업자(비영리 법인 또는 단체)
  상시근로자수가 1,000인 이상인 사업자
  '독점규제 및 공정거래에 관한 법률'에 의한 대규모기업집단 소속회사로 지정된 사업자

[기업분류표]

[단위 : 명(인)]

대 분 류		중분류	소상공인	소기업	중기업	대기업
A	농업 및 어업	01~03	1~4	1~9	10~199	200이상
B	광업	05~08	1~9	1~49	50~299	300이상
C	제조업	10~33	1~9	1~49	50~299	300이상
D	전기, 가스, 수도사업	35~36	1~4	1~9	10~199	200이상
E	하수·폐기물처리 원료재생 및 환경복원업	37~39	1~4	1~9	10~199	100이상
F	건설업	41~42	1~9	1~49	50~299	300이상
G	도매 및 소매업	45~47	1~4	1~9	10~199	200이상
H	운수업	49~52	1~4	1~49	50~299	300이상
I	숙박 및 음식점	55~56	1~4	1~9	10~199	200이상
J	출판,영상,방송통신 및 정보서비스업	58~63	1~4	1~9	10~299	300이상
K	금융 및 보험업	64~66	1~4	1~9	10~199	200이상
L	부동산업 및 임대업	68~69	1~4	1~9	10~49	50이상
M	전문, 과학 및 기술 서비스업	70~73	1~4	1~9	10~199	200이상
N	사업시설관리 및 사업지원 서비스업	74~75	1~4	1~9	10~299	300이상
P	교육 서비스업	85	1~4	1~9	10~99	100이상
Q	보건업 및 사회복지서비스업	86~87	1~4	1~9	10~299	300이상
R	예술, 스포츠 및 여가관련 서비스업	90~91	1~4	1~9	10~299	200이상
S	수리 및 기타 개인 서비스업	95~96	1~4	1~9	10~99	100이상

[중소기업 분류표]

해 당 업 종	표준산업분류부호	범 위 기 준
1. 제조업	D	상시근로자수 300인 미만 또는 자본금 80억원 이하
2. 광업 건설업 운수업	C F 60 ~ 62	상시근로자수 300인 미만 또는 자본금 30억원 이하
3. 대형 종합 소매업 정보처리 및 기타 컴퓨터운영 관련업	5211 72	상시근로자수 300인 미만 또는 매출액 300억원 이하
4. 종자 및 묘목 생산업 어업 전기, 가스 및 수도사업 연료 및 관련제품 도매업 호텔업 휴양 콘도 운영업 통신업 엔지니어링 서비스업 병원 영화산업 방송업	01123 B E 5171 55111 55113 64 7432 8511 871 872	상시근로자수 200인 미만 또는 매출액 200억원 이하
5. 의약품 및 정형외과용품 도매업 통신 판매업 방문 판매업 여행알선, 창고 및 운송관련 서비스업 산업용 기계장비 임대업 전문, 과학 및 기술 서비스업 공연산업 뉴스 제공업 하수처리, 폐기물처리 및 청소관련 서비스업	51451 5281 52893 63 712 74 873 881 90	상시근로자수 100인 미만 또는 매출액 100억원 이하
6. 농업 및 임업 도매 및 상품 중개업 음.식료품 위주 종합소매업 연구 및 개발업 사업지원서비스업 식물원, 동물원 및 자연공원 유원지 및 테마파크 운영업 산업용 세탁업	A 51 5212 73 75 8823 88992 93911	상시근로자수 50인 미만 또는 매출액 50억원 이하
7. 기타 모든 업종		상시근로자수 30인 미만 또는 매출액 20억원 이하

- 광업·제조업·건설업·운수업의 경우 상시근로자수 50인 미만
- 그 이외의 기업은 10인 미만

생각의 시간 : 경영

지역산업단지·국가산업단지

8 공급망관리와 가치흐름관리

기업은 생산성 향상을 위해 다양한 시스템을 마련하고 있다.

세계 경기 침체

- 2008년 9월 15일 미국 투자은행 리먼브러더스 파산(서브프라임 모기지론)
- 고유가 ⇒ 저유가 : 조선경기 침체
- 그리스 국가 부도설 등 유로존 경기 침체
- 중국 경제권 동반 침체
- 기업들의 경쟁양상과 경영환경 급변

기업변화 중, 그동안 개별기업간의 경쟁에서 기업그룹 간이나 협력관계에 있는 기업들 간의 경쟁으로 확대된 경쟁구도는 생산부문뿐만 아니라 간접적인 부문이나 비제조업부문 등을 끌고 가는 연합형 경쟁으로 나타난 현상이다.

이런 상황은 생산원가 중심의 경쟁에서 마케팅은 물론, 연구개발과 생산준비 및 물류·유통·판매·금융(외상매출채권담보대출, 선수금환급보증 등)·애프터서비스 등을 포함한 원가경쟁으로 이어진다. 따라서 기업의 상품이나 사업의 생명주기가 전체 원가경쟁력을 요구하는 시대로 접어든 것이다.

공급망관리(SCM)·가치흐름관리(VCM)

- 공급망관리(SCM : Supply Chain Management) : 제품이 생산되어 판매되기까지의 모든 공급과정 전체 최적화 관리
- 생산·유통·소비에 이르는 물류의 흐름을 파악
- 새로운 경영 전략
- 원재료 수급 → 생산 → 출하 → 배송·물류 → 매장관리 → 고객 → AS
- 부품, 기자재, 원료 등의 구매 및 조달뿐 아니라 제조, 보관 및 운송, 유통 및 판매까지 포함한 가치사슬(Value Chain) 전체에 대해 통합적 합리화 추구

이 때문에 기업은 그룹 또는 모든 협력사와의 **공급망관리**(SCM : Supply Chain Management) 또는 **가치흐름관리**(VCM : Value Chain Management)를 통해 경쟁력을 강화시키고 있다.

공급망관리의 등장은 시장의 세계화와 깊은 관련이 있다.

기업이 세계 시장을 대상으로 제품 판매를 시작하면서 물품 제조부터 마케팅, 지역 특성화 등에 대한 통합적인 전략 수립의 필요성이 대두했기 때문이며, 기업이 단순히 제품 생산을 중시하던 과거와 달리 제품의 유통이나 협력업체와의 공조 등 전체 흐름을 중시하는 쪽으로의 인식변화를 달리하게 된 것도 공급망관리시스템의 등장에 영향을 미쳤다.

공급망관리 방법

- **공급망 계획**(SCP : Supply Chain Planning)
  - 각 단계에서 기업이 제품에 대한 수요를 예측해 제품 생산
  - 수요계획, 제조계획, 유통계획, 운송계획, 재고계획 등
  - 각 단계들은 서로 연계되어 정보가 전달되므로 실제 수요를 예측·파악하여 계획을 수립하는 등 보다나은 의사결정

- **공급망 실행**(SCE : Supply Chain Execution)
  - 계획단계가 아닌 실제 제품 판매 시 유통과정에서 제품의 흐름을 관리
  - 주문관리, 생산관리, 유통관리, 역물류관리 등
  - 제품의 주문에서부터 하자로 인해 반품되는 물건에 대한 역물류관리까지 각 단계에서의 재무정보를 파악하고 운영·관리 지원

기업은 공급망관리 또는 가치흐름관리를 통해 경영의 세계화, 시장의 역동화 및 고객 필요성의 다양화 등에 대응하여 경쟁력을 강화시키고, 모든 거래당사자들의 연관된 사업범위 내 가상의 조직처럼 정보를 공유할 수 있다.

9 전사적 품질관리 (TQM)

전사적 품질관리 (TQM : Total Quality Management)는 다음과 같은 3단계를 통해 발전하고 있다.

구 분	TQM[10]		
	1기 (1990~1999)	2기 (2000~2009)	3기 (2010~)
고객관계	고객만족 CS	고객감동 CD	고객로열티 CL
고객구분	소비자 고객만족	개별고객 전략적 고객만족	생활자(고정고객) 고객·종업원·사회만족
목표 (자동차)	정량적 목표 - 달리고 멈추고 회전한다 - 저렴한 가격, 고품질, 높은 신뢰성	정성적 목표 - 거주성, 정숙성, 조작 안전성	정성적·총괄적·전인적 목표 - car life 가치향상 - 생활의 질 향상 - 사회적 책임 수행

1. 고객만족(Customer Satisfaction)

고객만족[11]은 경영의 모든 부문을 고객(소비자 고객 및 후공정 등)의 입장에서 생각하고, 고객을 만족시키는 것으로 최대이익을 유지하려는 것보다 우선적으로 생각하는 자세다.

고객의 만족도를 높이기 위해서는 고객의 기대를 충족시킬 수 있는 제품을 제공하고 고객의 불만을 효과적으로 처리해야 한다.

따라서, 고객만족은 상품의 품질은 물론, 제품의 기획·설계·디자인·제작·사후서비스 등 모든 과정에 걸쳐 제품에 내재된 기업문화의 이미지와 함께, 상품 이미지·기업이념 등을 고객에게 제공하여 소비자에게 기대 이상의 만족감을 충족시킴으로써 고객의 재 구매율을 높이는 것이다.

---

10) 도요타 생산관리, 한국표준협회
11) 1980년대 후반부터 각국 적용

2. 고객감동(Customer Delight)

고객감동을 위한 품질향상 활동이란 시대를 앞서가는 독창적이고 매력 있는 상품(서비스 포함)을 고객에 제안한다는 의미로, 고객에게 감동·감격을 제공하는 생산활동 중 품질향상 활동이다.

3. 고객로열티(Customer Loyalty)

고객만족과 고객감동에 이어 고객로열티라는 개념은 최근에 비롯된 것으로, 이를 달성하기 위해서 개별서비스, 고객요구파악, 거래에 대한 감사 및 끊임없는 연구의 활동자세가 필요하다.

- 1단계 CS : 고객서비스(Customer Service)
  고객에게 단순히 다양한 서비스를 제공하는 단계
- 2단계 CS : 고객만족(Customer Satisfaction)
  고객에게 기본서비스 외에 추가적인 서비스를 제공하여 만족하는 단계
- 3단계 CD : 고객감동(Customer Delight)
  고객만족에서 나아가 감동을 주는 단계
- 4단계 CL : 고객로열티(Customer Loyalty)
  고객감동에서 나아가 고객을 중심으로 모든 행위를 이끌어가는 단계

---

10 ISO 9000 시리즈(품질경영)

ISO(International Organization for Standardization, **국제표준화기구**)는 재화 및 서비스와 관련된 제반설비와 활동의 표준화를 통하여 국제교역을 촉진하고 지적, 학문적, 기술적, 경제적 활동 분야에서의 협력증진을 목적으로 1947년에 창설된 **비정부 국제기구**다. ISO의 중앙 사무국은 스위스의 **제네바**에 설치되어 있다.

이 목적을 위하여 ISO는 표준관련활동의 세계적 조화를 촉진하고, 국제규격을 개발·발행하며, 회원기관과 관련 국제기구와의 협력을 도모한다. ISO의 세계 각국의 회원들은 대부분 자국의 표준화와 관련된 업무를 담당하고 있는 정부기관이나 협회들로 구성되어 있으며, 이들의 협의를 통해 제정된 국제표준은 각국의 실정에 맞게 수정하여 국가표준으로 사용하고 있다.

ISO 회원가입 현황은 정회원 111개국, 준회원 49개국, 통신회원 4개국 등 총 164개국이 가입하여 활동하고 있으며, 우리는 전 공업진흥청 표준국이 KBS(Korean Bureau of Standards)라는 명칭으로 우리나라를 대표하여 1963년 ISO에 Member body로 최초 가입하였다. 정부조직 개편에 따라 1997년 국립기술품질원(KNITQ)으로 회원기관 명칭 변경 신청을 하였고, 1999년 이후로는 기술표준원(KATS)이 정회원으로 활동하고 있다.[12)]

ISO 9000시리즈는 기본 규격인 9000, 9001, 9004, 19011을 핵심규격으로 한 기타 관련된 지침규격을 통칭한다. 요구사항 방식은 새롭게 변경되어 경영자 책임, 자원관리, 공정관리, 측정, 분석 및 개선 등의 4가지 주제로 크게 분류된다.

ISO규격은 최근 수출입과 점차 늘어나고 있는 해외의 직접 투자 등을 통해 우리 국내에서도 가장 많이 이용하고 있는 해외 규격의 하나가 되었다.

12) 시사상식사전

ISO 9000 시리즈 특징

- 고객만족 중심의 품질경영시스템
  - 예방에 초점을 둔 최소한의 품질요건
- 조직이 품질보증을 위해 갖추어야 할 최소한의 요구사항
- 관리사이클을 기반으로 하는 문서화된 품질시스템
  - 목표품질의 제품 또는 서비스 달성
- Top Down 방식의 경영자 관심과 리더십 및 전원참여 활동
  - 품질방침, 경영자 책임 등
- 프로세스 문서화·실행·기록·분석·조치
  - 지속적인 개선으로 원가절감, 품질 및 생산성 향상

ISO 9001 요구사항

- 품질경영(Quality Management)시스템 수립 및 운영에 대한 사항
- 경영책임 사항
  - 경영자가 품질측면을 어떻게 운영하고 관리하는 가에 대한 사항
- 자원관리 부문(인적·물적 자원을 필요한 만큼 확보·관리 수준)
- 제품실현 부문(제품이 만들어 지는 일련의 과정, 영업-설계-구매-생산 등)
- 측정, 분석 및 개선부문 등
  - 제품·프로세스·시스템에 대한 평가, 데이터분석, 개선업무 및 고객만족의 측정과 개선

11 윤리경영

윤리경영은 회사경영과 기업활동에 있어 기업윤리를 최우선 가치로 생각하며, 투명하고 공정하게 합리적인 업무수행을 추구하는 경영정신이다.

기업은 이익의 극대화가 기업의 목적이지만 사회적 책임도 중요하다는 의식과, 경영성과가 아무리 좋아도 기업윤리 의식에 대한 사회적 신뢰를 잃으면 결국 기업이 문을 닫을 수밖에 없다는 현실적인 요구에 근거하여 '목적을 위해 수단방법을 가리지 않는다'는 그동안의 기업의식을 전환하는 계기로 작용한다.

국제표준화기구 아래 **소비자정책위원회**가 **기업의 사회적 책임**(CSR : Corporate Social Responsibility)에 관한 표준안 작업을 승인하였으며, 기업은 윤리경영 전담부서를 설치하는 등 윤리경영을 도입하는 추세로 다음과 같은 규정들을 작성하고 있다.

윤리경영 규정 내용

- 능률향상을 위한 노동강화 금지
- 인사에 있어서 정실을 배제하고 객관적 공정성
- 공과 사의 분리
- 인간성 존중과 개인존엄 유지
- 공해 등의 사회적 비용 고려
- 과대선전 등 소비자기만 방지
- 품질의 부당표시, 강매 등 불공정 거래 금지
- 분식결산으로 이해관계자를 기만 금지
- 사회복지 공헌

윤리경영 실천방향

- 최고의 품질을 정직한 가격으로 적기에 공급하여 고객에게 성실과 신의를 지킨다.
- 조직원으로 하여금 보람과 긍지를 갖도록 차별을 금지하고 인재를 양성하고 임직원은 인간존중의 경영을 인식한다.
- 준법을 바탕으로 환경을 보호하고 사회공헌을 통해 신뢰를 획득하는 지역사회에 대한 책임과 의무를 다한다.
- 공정하고 투명거래를 통해 서로 상생(win-win)하므로 공급자에게 상생경영을 실천한다.
- 덤핑방지와 뇌물방지를 통해 선의의 경쟁으로 공정경쟁을 하도록 한다.
- 투명한 회계관리와 정확한 정보를 공개하여 신뢰를 획득하여 투자자에게 보답한다.

12 환경경영

환경경영체제(ISO 14000 시리즈)는 **환경경영**(Environment Management)의 구체적인 목표와 이를 수행할 프로그램을 마련하고 이를 추진할 조직과 책임범위, 절차 등을 규정하고 인적·물적 경영자원을 효율적으로 배분해 조직적으로 관리하는 체제다.

ISO에서는 환경방침의 개발, 시행, 달성, 검토, 유지를 위한 조직구조, 활동계획, 책임, 관행, 절차, 과정 및 자원을 포함하는 전반적 경영체제를 정의하는 규정을 두고 있다.

환경경영은 기존의 품질경영(Quality Management)을 환경분야에까지 확장시킨 개념으로, 환경관리를 기업경영의 방침으로 삼고 기업활동이 환경에 미치는 부정적인 영향을 최소화하도록 하는 것이다.

환경규격에 대한 국제표준인 ISO 14000시리즈의 14001과 14004 규격은 이를 명확히 하고 있다. 이 규격들은 환경경영의 구체적인 실천방법으로 기존의 기업 경영활동과 연관을 갖고 이윤추구라는 기업의 경제적 목적과 지구환경의 개선을 동시에 추구하기 위한 것들이다.

ISO 14001은 EMS(Environment Management System) 요건을 규정하고 있으며 일반요건, 환경방침, 계획, 실행 및 운영, 점검과 시정조치, 경영자 검토 등으로 구성되어 있다.

ISO 14004는 EMS의 원칙, 체제 및 지원기법에 관한 일반지침을 규정하고 있으며, 환경경영체제의 실행이나 발전에 필요한 실무적 지침을 제공하고 있다.

ISO 9000시리즈(품질경영체제)가 고객의 욕구가 주요한 관심사인 반면, ISO 14000시리즈(환경경영체제)는 광범위한 이해관계자의 욕구와 환경보호에 대한 사회적 필요성을 반영하고 있다는 차이가 있다.

또, ISO 9000시리즈는 시장경쟁력을 유지하기 위해서 기업이 자발적으로 참여할 수 있는 선택적 개념의 시스템인 반면, ISO 14000시리즈는 환경적으로 건전하지 못한 기업은 궁극적으로 생존하기 어렵다는 절대적 개념시스템이다.

환경경영 고려사항

- 환경친화적 기업문화 조성
- 환경성 평가기법 개발
- 환경성과 평가체계 확립
- 환경을 고려한 경영분석기법 개발
- 환경교육프로그램 개발
- 환경감사제도 도입
- 환경경영 정보시스템 구축 등

13 지식경영

지식경영(Knowledge Management)은 조직구성원 개개인의 지식이나 기술적 노하우를 체계적으로 발굴하여 조직 내의 보편적인 지식으로 공유함으로써 기업 전체 문제해결 능력을 혁신적으로 향상시키는 경영방식을 의미한다. 이는 조직 내의 활발한 지식창출과 공유를 제도화시키는 것을 목표로 한다.

지식은 기술과 정보(Information)를 포함한 지적능력과 아이디어를 모두 총칭한다. 이처럼 표현되지 않은 무형의 지식을 포함해서 조직체가 보유한 모든 가용지식을 전체가 공유함으로써 업무처리의 효율성을 높이고, 신제품 개발 및 시장 대응력을 향상시켜 기업의 경쟁력을 갖추는 데 활용할 수 있다.[13)]

예측할 수 없을 정도로 급변하는 경영환경에서 기업의 생존과 경쟁력을 갖추기 위해서는 지식경영은 필수가 되었다. 따라서 기업은 정보기술에 의한 데이터 및 정보의 가공능력을 인간의 창의적이고 혁신적인 능력과 통합시켜 가치창조의 극대화를 추구해야한다.

특히, 기존의 경영기법과 달리 인간의 창의적 능력을 중심으로 지식사회에 대응하고 경쟁력을 유지하려면, 기업의 창의적 원천핵심으로 지식을 삼는 지식경영은 필수적 과제다.

---

13) Peter Drucker, Nonaka Ikujiro

생각의 시간 : 의식

기업가 정신

생각의 시간 : TQM

조선선박의 고객을 위한 CS CD CL

2부
생산관리 기법

2부 생산관리 기법

14 도요타생산방식의 기본

1. 기본이념

기업은 저마다의 이념을 갖추고 있다. 이 이념 중에는 최근 열풍처럼 강조하는 것이 '**고객제일주의**'다. 이는 세계적 기업인 도요타에서 먼저 선정한 것으로 시대변화에 대응하여 1992년 도요타의 기본이념의 발표를 통해 등장했다.

주된 내용은 기업과 관련된 사람들이나 조직에 대하여 좋은 관계를 구축하고 '조화로운 성장'을 지향하는 공동의 가치관이다.

도요타의 기본이념
• 법률과 규정 준수를 통해 개방적이고 신뢰받는 기업시민
• 각 지역문화와 관습을 존중하며 경제·사회 발전에 공헌
• 깨끗하고 안전한 상품 제공으로 풍요로운 사회구축
• 매력 넘치는 상품과 서비스 제공
• 노사의 신뢰와 책임으로 개인 창조력과 팀웍의 기업풍토 조성
• 혁신적 경영을 통한 사회와 조화된 성장
• 장기적인 안전성장과 공존공영 실현

2. 도요타웨이 2001

도요타웨이 2001은 종사자들의 행동원칙으로 그 핵심의 두 기둥은 **'지혜와 개선'** 그리고 **'인간성 존중'**이다.

도요타웨이 2001(기본이념의 실현 도구)		
지혜와 개선	도전	꿈의 실현을 위해 비전을 제시하고 용기와 창조력으로 도전
	개선	항상 진화·혁신하는 끊임없는 개선 추구
	현장주의	현장주의로 본질 파악, 신속결단
인간성 존중	존중	남을 존중하고 상호이해를 위한 성실한 노력
	팀웍	인재육성과 개개인 능력 결집

'지혜와 개선'은 현지·현시·현물을 중요시 하여 보다 높은 목표를 지향하며 도전하고 끊임없는 개선을 실천하는 것이다.

'인간성 존중'은 고객이나 협력관계자들을 이해하고 만족시킬 수 있는 상호간에 바람직한 팀웍과 상호 소통 속에서 책임을 다하는 것으로, 전체적으로 최적한 상태를 지향하는 것이다.

15 TPS (TOYOTA Production System)

세계 1위의 자동차 그룹인 도요타는 매출과 이익에서 탁월한 발전을 도모하였다. 이를 달성하는 것에는 그들만의 기본이념과 철저한 품질관리 방식은 물론, 생산관리 방식이 유효하게 작용하였다.

TPS는 대량생산방식[14]이 개성과 변화를 특징으로 하므로 더 이상 시장여건에 수용되지 못하자 개발된 도요타의 독창적인 생산시스템이다. TPS는 양과 질 그리고 작업시간의 조화 속에 철저한 원가절감을 실현함으로써 그들이 처한 경제위기[15] 속에서도 유용[16]하게 작용했다. TPS는 JIT(Just In Time)와 인변자동화라는 두 축으로 구성된다.

JIT는 **공정 흐름화, 필요수로 택트타임의 결정** 및 **후공정 인수방식**의 3대 원칙을 지니고 있으며, 인변 자동화는 품질을 확보하며 자동화를 통한 소인화를 목표로 한다.

특히, 낭비와 이상을 추구하려는 TPS는 누가 보더라도 이를 발견하고 조치를 취할 수 있도록 하는 **'눈으로 보는 관리'** 체제를 통해 7대 낭비와 같은 대표적 낭비를 줄이고 표준작업 등으로 이어지도록 한다.

이상을 발견하는 품질관리는 자공정 완결형 품질관리로 자신의 공정에서 불량이 발생하면 생산설비의 가동을 멈추고 그 자리에서 즉시 원인을 규명하여 후공정으로 불량을 보내지 않는 방식이다.

'눈으로 보는 관리'는 이상의 현재화를 통해 이상발생에 대한 개선을 추구하며 인재육성과 더불어 기업체질 강화로 이어지게 한다.

---

14) Henry Ford
15) 오일쇼크와 엔고현상
16) 1인당 부가가치 1800만 엔, 총 재고일수 3일, 생산리드타임 10시간

목 적

① 철저한 낭비제거를 통한 원가절감 생산
② 필요한 물건을 필요한 때 필요한 만큼 생산
③ 좋은 생각으로 좋은 제품을 저렴하게 생산
④ 생산성 향상
⑤ 문제발생 시 신속 해결

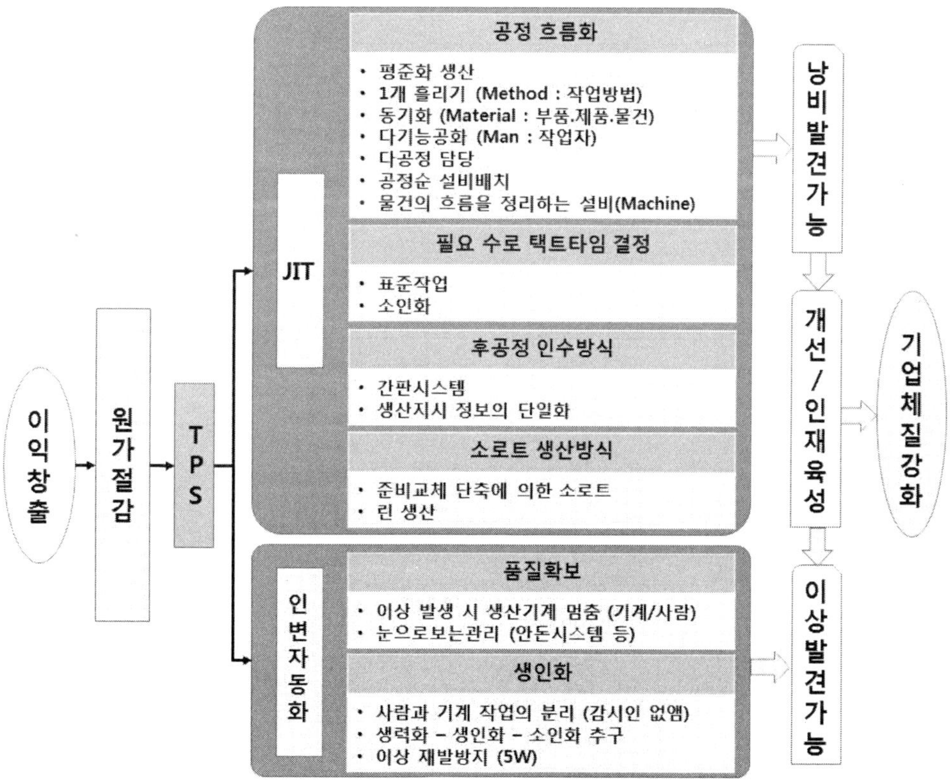

[TPS 생산방식 체계]

TPS를 **조선산업**에 적용한 경우를 예를 들면 다음과 같다.

조선산업은 여러 공정이 장기간에 걸쳐 진행되는 특성을 지니고 있다. 따라서 인력의 다기능화 및 다공정화와 같은 개념은 TPS의 **다공정 보유시스템**과 밀접하여 조선소 현장에서 무엇보다 절실하다.

조선산업은 협력사 파견사원들에 의한 많은 특징을 지니고 있다. 노동 집약적인 조선소 현장에서 일선의 관리감독자들이 지혜롭지 못하면 작업과정(품질과 소요기간)을 망치게 될 것이다. 이는 곧 TPS의 기본의식인 현장의 자율적 능력을 키우고 혁신리더를 육성하는 인재정책과도 관계가 있다. 따라서 현장 인력들을 개선의 장으로 끌어들이는 노력이 TPS를 제안한 도요타 이상으로 필요한 산업이다.

운송수단 또는 교통수단으로서의 자동차와 선박은 그 구성요소가 유사하고, 공정의 기반 또한 비슷한 측면을 지니고 있다. 이들의 다른 측면이라면 공기가 길고 짧은 것이며 수주에 의한 주문생산방식과 대량생산방식의 차이 정도다.

특히 **조선소**는 공장이 매우 넓어 곳곳에서 낭비가 산재할 수 있고 낭비에 대한 발견이 어렵다. 이와 같이 필요한 정보획득이 어렵고 실시간으로 관리하기가 힘든 현장은 오히려 TPS의 7대 낭비 등과 같은 측면에서 발견할 수 있도록 하고 낭비제거에 노력을 기울여야한다.

TPS의 JIT기법은 우리나라의 대형조선소에서도 처음으로 선박건조에 JIT(적시생산시스템)을 도입하면서부터 블록조립공정을 획기적으로 단축시키는데 성공하였으며 선박 건조시간을 대폭 단축시켰다.

선박건조는 선주와 합의한 납기일이 정해져 있는 상황에서 작업공사를 진행한다. 설계와 철판가공을 거쳐 용접조립 그리고 도장을 하고 난 후, 옥외 작업장에서 더 큰 단위의 블록 형태로 조립한다.

이후에는 도크로 이동하여 용접공정을 통해 선박의 형상으로 만든다. 선박의 모양이 완성되면 바다로 띄우는 진수과정을 거쳐 인도하기 전까지 각종 시험과 부대 공사를 한다.[17]

---

17) 본 책 144페이지 선박 건조 과정 참조

이런 일련의 과정은 보통 2년 정도가 소요된다. 이는 일반적인 시각에서 보면 대량의 연속생산 개념에서 탄생한 JIT를 기반으로 하는 TPS가 단일 품목 수주생산인 조선업에는 맞지 않는 것처럼 보일 수 있다. 하지만 **조선산업은 전형적인 TPS의 전형**을 지니고 있다.

공정의 끝점이 정해지고 계속 전공정에 필요한 것을 요구하는 PULL 방식의 전형이 그것이다. 즉, 투입 순서대로의 조립블록이 후공정에 이어지지 않으면 후공정에서는 혼란이 발생할 것이며 결국 진수시점을 포함한 인도일자를 준수하지 못할 수가 있다.

따라서 이런 납기지연 또는 공정지연을 피하기 위해 조립순서를 바꾸어 공정 간의 블록 등이 엉키게 되면 많은 공수를 투입하여야 하고 이는 공기의 지연으로 나타난다. 이와 같은 공기지연을 복구하기 위해서는 많은 낭비가 초래된다. 일련의 모든 낭비는 TPS의 JIT시스템을 이용하여 해결한다면 가능하다.

또, 조립된 블록이 정밀도에 하자를 지닌 채 후공정에 넘어가면 공기가 지연되고 품질확보를 위해 추가공수가 많이 발생하는 낭비현상이 발생한다.

이는 모든 가공이나 조립 일정이 인도 즉 끝점에서부터 역상하여 계획했기 때문이다. 따라서 어느 한 공정에서라도 일정을 정확히 준수하지 않으면 혼란과 낭비를 피할 수 없다.

TPS의 중심인 JIT는 조선업에서 직접적이고 직관적으로 발견되는 것은 아니지만 전체 공정을 고려하면 매우 밀접한 관련이 있음을 알 수 있을 것이다.

조선업은 JIT를 적용해야하는 산업이다.

조선산업에서 JIT를 비롯한 TPS적용이 필요한 이유는 수익성확보 측면에서도 관계가 깊다.

조선산업은 근로자 인력을 중심으로 진행되는 장기간의 공정이기 때문에 부가가치의 발생은 언제나 시간에 있다. 즉, 선박의 건조기간을 단축한다면 수익성은 물론 신뢰성을 높여 경쟁력이 확보될 것이다.

공기가 단축되면 투입 공수도 비례하여 감축된다. TPS에서 강조하는 리드타임(Lead Time)의 단축활동은 조선산업의 핵심전략이다. TPS의 JIT 단축에 대한 의식과 사고는 적극적으로 활용되어야한다.

더불어 생산성 향상 측면에서도 일정한 장소 내에서의 가공작업을 어떻게 하면 적은 공수로 해결할 수 있을까를 고민하는 작업분석이나 공정재편의 논리들도 TPS의 활용은 매우 유용하다.

나아가 JIT 개념은 조선소에서 자재를 구입하고 적치한 후 생산시점에 맞춰 필요한 때에 필요한 곳으로 바로 이용될 수 있도록 작업이 진행되어야 하는 것을 볼 때 매우 유용한 기법으로 작용할 것이다.

생각의 시간 : TPS

조선공정에서의 TPS 적용

16 강한 기업

변화에 대응할 수 있는 **강한 기업**은 **좋은 기업풍토**와 **강한 현장능력**에 의해 가능하다.

기업의 수명은 30년 정도라는 통계가 있다.

최근의 개인 또는 소상공인의 창업 등에서 나타난 매우 낮은 성공률은 그 어느 때보다도 기업운영의 상황이 가혹한 것을 의미한다. 기업의 지속성은 무엇보다 중요하고 큰 과제가 아닐 수 없다.

찰스 다윈[18)]은 진화론을 주장하며 생명의 지속성을 다음과 같이 나타내었다.

"살아남는 생명체들은 가장 강하거나 가장 영리한 것이 아니라, 변화에 적응한 것들이다."

이와 같은 지적은 기업의 경우에도 예외가 아닐 것이다. 어쩌면 생물계에서 가장 강한 지배그룹이 먼저 도태되는 것을 볼 때 현재의 발전양상과 견고함에 안주해서는 안 될 것이 분명하다.

기업의 변화에 대응하는 노력은 새로운 수요를 능동적으로 만들어 내는 신제품 개발과 더불어 기존의 안주에서 벗어나 신규 사업분야를 개척하는 등 사업변화를 향한 것이어야 한다.

기업 경쟁력 3요소
① 경영이념 ② 경영시스템 ③ 기업풍토

18) Charles Robert Darwin 1809-1882, 생물진화론 '종의기원'

기업시스템

① 고객중심 시스템
② 고객만족 시스템
③ 업무지원 시스템
④ 변화를 수용하는 시스템
⑤ 주체적 시스템

강한 기업

① 좋은 기업 풍토
- 개방된 커뮤니케이션
- 권한의 이양
- 우수한 팀웍
- 적절한 위기의식
- 유능한 리더십

② 강한 현장 능력
- 강한 리더십
- 기본의 철저
- 변화에 대한 대응능력
- 문제해결능력
- 인재육성

기업의 풍토 중 기업활동을 위한 어떤 부문에서도 문제가 있어서는 안 된다고 할 때, 종사자들은 문제발생을 감추려고 할 것이다. 이러한 자세의 풍토로서는 근본적인 문제해결을 위한 기회를 가질 수 없다. 또 종사자들이 의욕을 잃는다면 이는 신속히 원인을 파악하여 좋은 풍토로 전환시켜야한다.

낡은 기업풍토로서는 능동적인 강한 기업이 될 수 없다.

좋은 기업 풍토를 위한 개선	
• 문제가 있어서는 안 된다	• 문제는 당연히 있다
• 실패해서는 안 된다	• 실패는 당연히 있을 수 있다
• 고정된 틀에 맞춘다	• 가치관을 공유한다
• 규정과 제도만 중시한다	• 스스로 자율적 판단한다
• 매사 심사숙고한다	• 우선 실행해 본다
• 실패한 사람을 문책한다	• 실패 원인을 분석한다
• 외부적 동기부여를 한다	• 내부적 동기를 부여한다
• 풍파를 야기하지 않는다	• 혼란도 허용한다
• 정보를 개적 소유화 한다	• 정보를 공유한다
• 형식적으로 대한다	• 진심으로 대한다

낡은 기업 풍토 사례
- 친절하지만 외면당하면 악의에 찬 보복 단행
- 질책하고 제재만 가하는 풍도
- 실수·실패 시 다른 이의 탓으로 돌림
- 단 한 번의 실패로 낙인의 멍에를 씌움
- 실수를 용인하지 않음
- 과대한 칭찬이나 과도한 문책
- 배려 부족
- 인격적 모독성 발언 분위기
- 권위적이고 보스적 풍토
- 현장 중시가 부족하거나 무시
- 갑질의 난발
- 이성보다 감성이 앞서는 환경
- 편파적 조직 운영

강한 현장능력은 현장의 종사자들이 모두 스스로가 경영을 책임지고 있다는 의식을 지님으로써 비롯된다. 이를 위해 '**현장을 소중하게 여기는 마음**'과 '**현장 종사자에 대한 존중**' 등이 필요하다.

종사자를 소중히 하면 종사자들은 고객을 소중히 여길 것이다. 또한 현장의 공정에서 마다 후공정을 고객으로 보는 의식은 매우 중요하다.

한편, 기본에 충실히 한다는 것은 기업에서 가장 기본이 되는 5S에 있다.

5S는 정리, 정돈, 청소, 청결, 습관화로 지금은 모든 현장입구 등에 설치하여 주지시키고 있는 형편이다. 이러한 기본적인 자세를 모든 업무에 적용하여 표준화하는 것을 '**업무의 현재화**'라고 한다.

또, 변화에 유연한 대응을 위해, 창의적 발상은 물론 연구 등에 대한 제안활동을 전개하여야 하고 항상 **개선**을 실천하는 풍토를 정착시켜야 한다.

문제해결을 위한 노력은 PDCA **사이클**을 이용하면 보다 근본적이고 기본적인 문제들에 대한 해법을 찾을 수가 있으며, 문제발생에 필요한 노력은 5W로 접근한다.

17 5S

5S는 기업의 모든 부문에서 가장 기본적인 행동실천 사항이다.

이의 수준을 높이려면 개선을 통해 생산시스템, 물류, 설비, 사람의 작업 등에 대한 개선이 함께 이루어져야 한다.

5S는 현장의 안전사고 예방은 물론 각종 문제해결을 위한 기본적인 활동이며 낭비를 줄이는 효과를 제공한다.

5 S
① **정리** 물건의 필요성 여부에 따라 불필요한 물건은 버리는 것 ② **정돈** 물건을 정해진 자리에 보관하여 쉽게 관리하는 것 ③ **청소** 더러운 것을 깨끗한 상태로 하여 이상발견이 쉽도록 하는 것 ④ **청결** 정리·정돈·청소가 잘 되어 이를 유지하는 것 ⑤ **습관(화)** 정해진 규정을 모두 잘 지키고 실행·실천하는 습관

1. 정리

정리는 필요한 것과 필요하지 않는 것을 분명히 나누는 것으로부터 시작한다.

불필요하다고 판단하는 것은 과감하게 즉시 처분하는 것이 정리의 원칙이다. 물품에는 **가용품**(필요품)인 현재 생산활동에서 필요한 물품 그리고 사용은 가능하지만 사용빈도가 적거나 현재 보관장소에 둘 필요까지는 없는 **불요품**(불급품) 그리고 쓸모가 없어 폐기하거나 매각 등 처분대상인 **불용품**이 있다.

정리를 위한 효율적 실천 방법으로 **적찰(붉은표찰)방법**이 있다. 적찰방법은 누구라도 불필요한 것을 쉽게 알 수 있도록 구별해 두고 정해진 과정과 방법에 따라 정리하는 방법이다.

정리의 원칙

- 불필요한 것은 즉시 처분한다.
- 버리는 종류마다 장소를 구별하여 정한다.
- 불용, 불급, 가용품에 대한 판단은 관리자가 즉시 결정한다.
- 정리가 안 되면 어떤 낭비가 발생하는가를 알도록 한다.

정리의 목표

- 순서를 정하여 처리하며 불용품을 일소시킨다.
- 필요한 정도에 따라 층별 관리한다.
- 오염 발생원 방지가 가능하다.

정리의 활동사항

- 불용품의 일소제거
- 오염 발생원 대책수립
- 근본적으로 개선하고 규칙화 정립

2. 정돈

정돈은 '무엇이 어디에 있는지' 쉽게 알 수 있도록 하는 것으로, 항상 편리하게 사용하기 쉽도록 두는 장소에 대한 표준화하는 것이다.

정돈을 위해 바둑판 형태로 구조화, 또는 공정이 진행되는 현장을 구역별로 번지를 부여하면 편리하다. 구역번지를 정할 땐 가능하면 공장의 기둥과 같이 가변성이 없는 것을 기준으로 삼고 '동'과 '번지'를 부여하는 방식을 정한다. 라인별, 공정별로 색을 구분하는 것이 좋다.

정돈을 위해 **3정(정위치, 정품, 정량)**을 표준화 시킨다.

정돈의 기본

- 물품을 두는 장소나 위치를 정한다.
- 물품 두는 장소를 누구라도 알 수 있도록 표시한다.
- 물품의 이름이나 아이콘(icon)을 표기해 둔다.

정돈의 실시사항

- 작업공구는 빈도가 높은 순으로 정돈한다.
- 바닥에 두는 물품은 반드시 일정구역에 두고 선 등으로 표시한다.
- 선반과 같이 물품이 잘 보이지 않는 경우엔 품명을 기록하거나, 거울을 설치하여 존재여부를 알도록 한다.
- 서류 등 보관함을 이용할 땐 내용물을 표시한다.

정돈의 목표

- 쾌적하고 효율적인 현장이 되도록 물품을 배치한다.
- 기능적(품질, 능률, 안전) 물품의 보관법 및 배치를 마련한다.
- 물품을 찾기 쉽도록 하여 작업능률을 향상시키는 방안을 연구한다.

정돈의 활동사항
• 기능적이고 효율적인 보관을 한다. • 물품정돈의 훈련과 경쟁력 제고에 노력한다. • 물품 찾는 시간을 단축시켜 개선한다.

3. 청소

청소란 작업현장이 항상 쾌적하고 작업에 문제가 없도록 유지하는 노력이다. 이를 위해 작업장의 바닥, 통로, 벽과 같은 시설은 물론 설비, 치공구 및 작업용구 등을 깨끗하게 조성·유지하고 설비의 이상 유무를 점검한다. **청소점검**은 대상 장소를 살피는 것으로 시작하여 청소용구의 사용, 청소시간의 단축, 청소가 불가한 곳의 개선방안, 청소가 일과 중의 하나라는 것에 대한 의식 등을 대상으로 한다.

청소의 실시사항
• 매일 일정한 시간을 정해 업무의 일부로 정착시킨다. • 청소방법을 표준화한다. • 청소용구를 준비한다. • 청소용구의 관리에 대한 정리·정돈기준을 정한다.

청소의 목표
• 청소대상의 기능과 요구에 맞는 분진제거, 오염불식 실현 • 청소점검으로 미세한 결함제거 • 점검대상으로서의 청소활동 인식

청소의 활동사항

- 기능부위의 5S
- 효율적 청소방법과 개선노력
- 설비, 치공구 등의 청소상태 점검(설비 5S)

청소의 활동원칙

- 청소점검과 깨끗한 공간 달성
- 정기적 실천
- 전원참여

4. 청결

청결은 3S(**정리, 정돈, 청결**)를 반복하여 쾌적하고 위생적인 환경을 유지하는 것으로, 결함이 발생되었을 때 한 눈에 발견할 수 있도록 하고 그 개념을 개선으로까지 확장시킨다.

청결활동은 공구의 정리·정돈 상태표시, 물품의 상태표시, 물품을 두는 장소의 표시 등으로 이어지며, 기계·설비의 표시상태 및 점검라벨, 재고량 파악을 위한 방법도 필요하다.

청결의 유지사항

- 작업복 세탁과 신체청결의 일상화를 정착시킨다.
- 작업자의 외모와 마음가짐을 청결하게 한다.
- 작업현장의 유해생물을 살균, 살포한다.
- 작업대의 기름, 오염, 물기를 제거한다.

청결의 목표

- 5S의 표준화와 관리기준 마련
- 이상의 현재화와 '눈으로 보는 관리'의 연구

청결의 활동사항

- '눈으로 보는 관리' 연구철저
- 이상의 조기발견과 신속한 조치
- 유지관리도구(Manual, 일정스케줄 등)의 개발과 활용
- 색체를 이용한 상태표기 관리법 등 개발

청결의 활동원칙

- '눈으로 보는 관리' 정착
- 5S 표준화 마련
- 식별과 유지방안 철저 준수

5. 습관화

습관화란 정해진 것을 항상 바르게 지키는 습성을 지니도록 하는 것으로, 직장의 규율, 규칙, 작업방법, 안전수칙 등이 대상이다. 이러한 습관화가 필요한 대상은 어떤 경우라도 무의식적으로 행동으로 이어지고 일상생활에서도 실천하게 한다.

잘못된 습관은 지적하고 개선하도록 하며, **3현(현장, 현물, 현재)**과 **3즉(즉시, 즉석, 즉응)** 그리고 **3철(철두, 철미, 철저)**의 기준을 작성하고 이를 근거로 판단한다. 그러기 위해 현장과 제품을 사랑하고 물자를 아끼며 직원 상호간 존중하며 배려하는 마음을 지니도록 하여 좋은 기업풍토를 마련한다.

습관화의 성공사항

- 강요나 강제로 여겨지지 않도록 최소화한의 자세로 지도한다.
- 관리감독자가 현장을 순회하며 잘못된 점은 즉시 게시하고 알린다.
- 각종 규정·규칙을 매뉴얼로 작성하여 주지한다(교육·연수).

습관화의 목표

- 전원참가를 원칙으로 결정된 사항은 반드시 준수한다.
- 일상에서 바람직한 습관을 찾고 전파하며 확인한다.

습관화의 활동사항

- 전파하고 전승시키는 훈련과 문화
- 개인별 책임의무제
- 각종 좋은 습관의 소개와 좋은 습관 지니기 운동 전개

18 5W

개선을 위한 기본원리는 문제해결에서 적용하는 5Why(5W)가 대표적이며 적용과정은 다음과 같다.

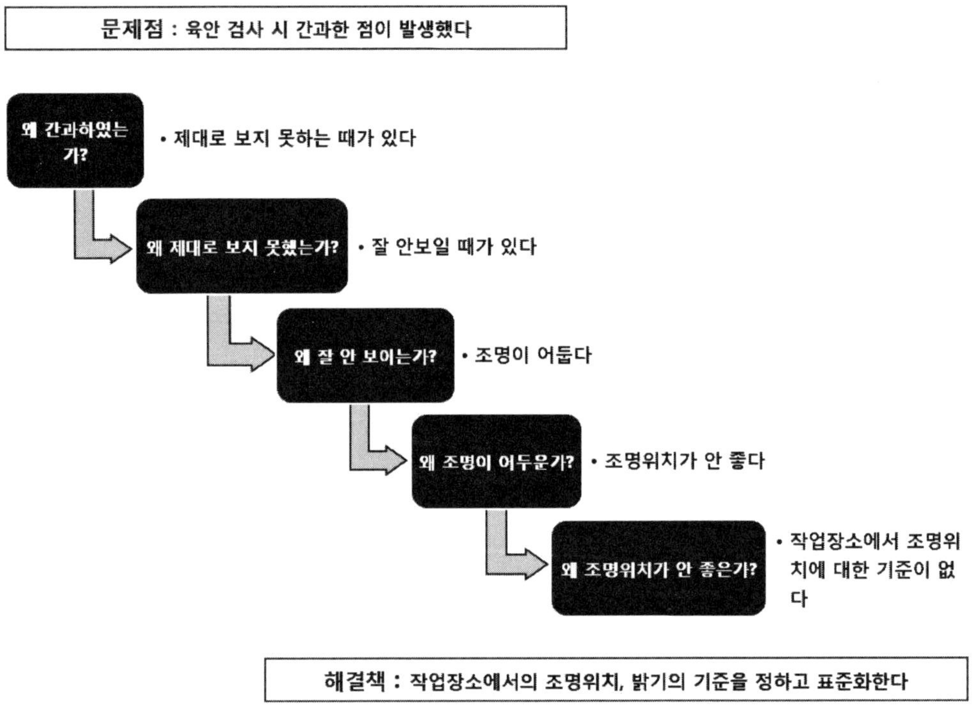

[5W 활용사례]

5W는 어떤 문제에 대하여 근본적 원인을 발견하기 위한 도구다. 여기서 W는 Why를 의미하며, 반복된 의문을 제기하며 문제의 원인을 발견하는 방법이다.

모든 문제에는 원인이 있다. 원인은 여러 가지로 나타나지만 대부분은 표면에 나타나는 쉬운 원인에 대한 것만 응급조치하는 경우가 많다. 이때, 문제발생에 대하여 "왜"라는 물음을 반복하다보면 결국엔 근본원인에까지 생각이 이를 수 있고, 사소하고 작은 원인(요인)에서부터 시작하여 근본적이고 중요한 원인을 발견하는 방법이 되어준다. 이렇게 발견된 근본원인은 재발방지 대책을 통해 해결하고 제거하지 않으면 지속적으로 나타날 수 있다.

5W의 분석은 불량이나 고장을 발생시키고 있는 요인을 순간적인 발상에 끝내지 않고, 단계적으로 "왜"를 반복함으로써 요인을 빠짐없이 찾아내기 위한 방법이다. 이를 위해 먼저 문제의 현상을 분석하고 그 현상의 발생에 대한 원인을 정리한 후, 그 현상이 발생한 이유(요인)를 찾아간다. 이렇게 여러 단계로 하나의 현상에 대한 구체적인 요인을 찾는 과정에서 최종적인 요인인 근본원인은 발견된다.

특히, 5W의 실천에서 주의할 것은 **"왜"**와 **"어디"**를 혼동하지 않아야 하며, 이러한 혼돈은 명확히 현상과 이유를 인식하지 않는 탓으로 근본원인을 발견하는 일에 어려움을 준다.

모든 단서는 현장에 있다는 것으로부터 5W를 시작한다.

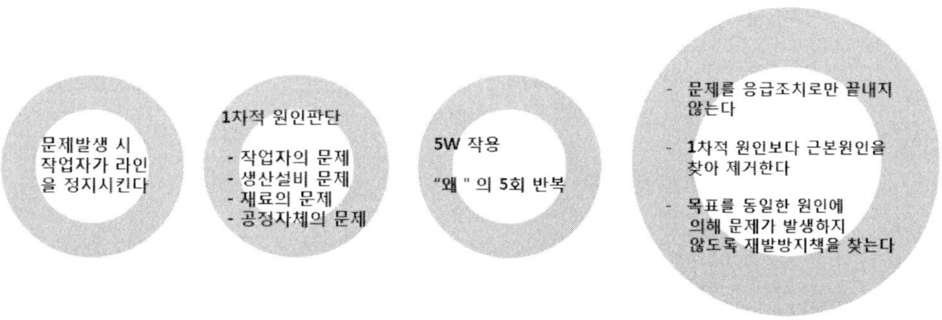

[원인 발견 구조]

5W 적용사례 : 주엔진(Main Engine) 정지

적용 횟수	질 문	원 인	해결조치
1	왜, 정지했을까?	엔진 윤활유공급 모터가 과부하로 퓨즈가 끊어졌다	퓨즈교환
2	왜, 과부하가 걸렸을까?	모터축의 윤활유가 부족했다	펌프 용량 증대
3	왜, 윤활유가 부족했을까?	펌퍼가 윤활유를 충분히 공급하지 못했다	펌프 교환
4	왜, 펌핑이 충분하지 못했을까?	펌프 축이 이상 마모로 인해 흔들리고 있다	펌프 수리
5	왜, 축의 이상 마모가 발생했을까?	윤활유에 이물질을 걸러 주지 못했다	윤활유 흡입구 걸림막 설치

전체 펌프용 모터에 대한 일체 검사 및 보완책 마련

문제해결을 위한 5W적용 시 고려사항

- 현상분류
- 간결하고 구체적이며 긍정적인 표현
- 요인의 누락 방지
- 재발방지 대책 수립 시 까지 적용
- 논리적 비약 근절
- 비정상적인 부분만 정리
- 전제조건과 요인의 구별
- 대책마련 - 지침서 작성

생각의 시간 : 5W

아침에 출근하려는 승용차의 타이어가 펑크났다

19 3정

3정은 **정품, 정량, 정위치**를 의미한다.

정품만을 사용하여 생산하며, 정확한 수량을 관리하고, 모든 물품(공구, 원료, 재료, 부품, 반제품, 완성품, 치공구 등)을 정해진 위치에 둔다는 관리 기준이다.

기업에서 필요한 물품은 가지러가는 대상이지 찾는 것이 아니다. 필요한 물품을 신속하고 쉽게 확보할 수 있을 때, 모든 업무의 신속화와 정확도는 향상된다. 정품의 부품만 사용하고 정확한 작업표준에 따라 생산한다면 그 제품 또한 정품이 될 것이다.

3정과 5S는 모든 개선활동의 기본으로서 공장 내의 모든 낭비를 제거하는 기초가 되며, 낭비와 불량의 발생을 사전에 방지할 수 있어 전원 참가하여 실천하는 자세가 필수적이다.

정품
• 필요한 물품(부품, 재료 등)의 정확한 규격 확보 • 작업표준 준수 • 제품규격에 적합한 완제품을 생산 • 보관할 품목과 보관방법 등 결정

정량
• 물품확보에 대한 사정의 정상과 이상판단 • 부족 또는 과다에 대한 식별 • 최대 보유량과 최소 보유량 판별

정위치

- 물품의 두는 위치 표시
- 명칭과 해당 물품명, 수량, 경로 등 목록관리

20 PDCA 사이클

일명 **데밍사이클**로 불리는 PDCA사이클은 다양한 용도로 활용될 수 있다. 문제해결을 위한 계획과 실천, 새로운 프로젝트의 수행, 어떤 과제에 대한 준비와 실행 등에서도 적용이 가능하다.

특히, 적용분야로는 제조업체와 같은 기업은 물론, 학원, 서비스업, 행정기관 등은 물론 개인적인 일이나 업무에도 적용하면 효율적인 추진이 가능하다.

기업에서는 생산이나 품질관리에 있어 주로 적용하고 있으며, 일반적인 진행과정은 Plan(**계획**) → Do(**실시**) → Check(**검토**) → Action(**조치**)로 진행한다.

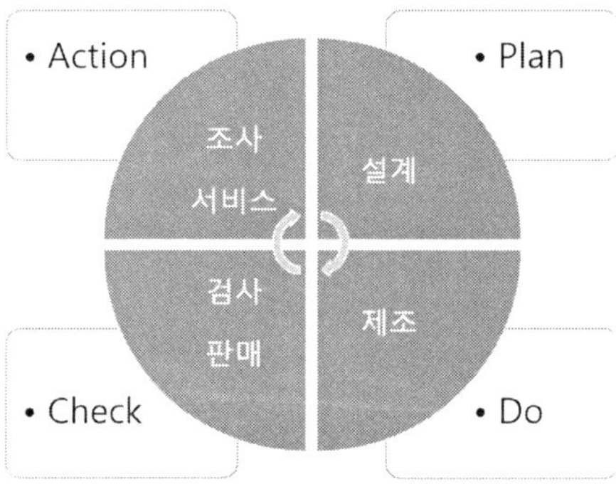

PDCA 사이클을 적용하는 경우 가장 중요한 점은 이를 문제의 종결까지 지속적으로 적용하는 것에 있다.

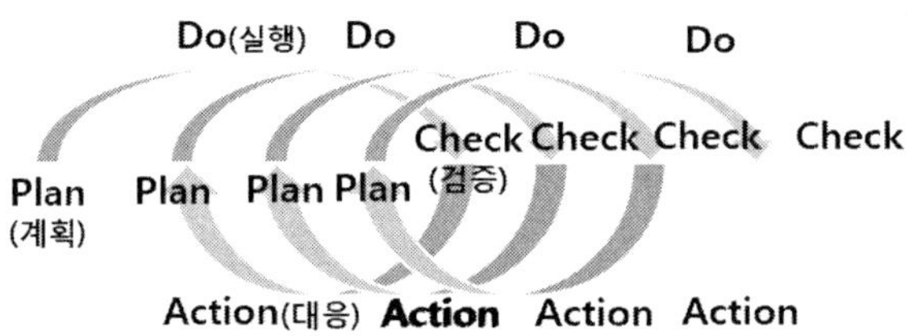

(1) Plan :	방법의 표준을 정한다. 목적에 따라서 목표를 정한다. 목표를 달성하기 위한 대책을 정한다.
(2) Do :	Plan대로 해 본다. 대책에 대해 연구한다, 대책대로 실시한다.
(3) Check :	결과에 이상이 있는가를 조사한다. 대책대로 행해졌는가를 조사한다. 목표와 실제와의 차이를 조사한다.
(4) Action :	이상이 있으면 그 원인을 조사하여 조치한다. 대책대로 행해지지 않으면 대책대로 되도록 한다. 상황이 변화된 것이라면 그 상황에 맞는 대책을 새롭게 연구한다.

PDCA는 순서대로 실행하고 나서 다시 수정된 계획안을 통해 ①단계(P)로 되돌아가서 반복적으로 적용된다. 이러한 과정은 사이클(나선형 사이클)을 이루며, 문제가 완전히 해결될 때까지 또는 계획의 목적이 종료될 때까지 지속적으로 반영되어야 한다.

그렇지 못하면 일시적인 개선이나 부분적 목표달성에 멈춘다. PDCA사이클의 진정한 가치는 지속적인 적용에 있으며, 기업은 물론 다양한 목적과 목표를 달성하는 과정에서 이용할 수 있다.

21 고객제일주의

고객제일주의 사고방식은 고객입장에서 생각하고 고객만을 위한 일을 한다는 것이다.

즉, 요구되는 품질은 시대에 따라 그리고 국가에 따라 변화하지만, 고객제일의 사고방식으로 요구되는 품질을 파악하여 전사적 협력으로 생산하는 것이다. 이때, 고객은 단순히 제품소비자에게 국한하지 않고 **후공정도 고객**임을 강조함으로써 생산관리의 효율성을 높일 수 있다.

많은 기업은 경영이념으로 고객제일주의에 대한 의미를 두고 있다. 이는 고객이 왕이라는 것은 이를 의미한다. 그러나 불량발생과 내용물의 부족, 유통기한의 초과, 함량표기의 허위, 리콜의 은폐 등은 흔히 소비자 시장에서 발생하고 있다.

특히, 의도적인 경우 이는 기업윤리의 결여에 의한 것이며, 실수라면 단순하게 다뤄선 안 되는 중요한 사안이다.

① 후공정은 고객이다

고객제일주의는 생산공정에서도 적용된다. 완성품의 완벽한 품질은 모든 공정에서 중요하다. 여기서 후공정을 고객으로 삼는다면 자신이 단순히 공정 중의 위치가 아닌 소비자와 같은 자신이 제작한 반성품을 받아가는 후공정으로 잘못된 공정품을 넘기지 않을 것이다. 우리는 뒷사람에게 불편을 주지 않도록 하여야 하는 것이다.

이는 자공정완결주의로서 전공정을 신으로 보고 후공정을 고객으로 볼 때 가능하다.

② 고객은 자기중심적이다

③ 중요인식은 첫째는 고객, 둘째는 대리점 등 딜러, 셋째가 브랜드다

생각의 시간 : 고객제일주의

고객은 자기중심적 vs CSR

22 문제해결능력

인간의 능력은 무한하다.

인간의 지혜는 놀랄만하며 그 한계가 없다. 기업과 종사자는 이를 근본적으로 신뢰하며 지혜를 창출하는데 앞장서야 하며 분위기를 조성하여야한다.

인간은 **곤란한 상황에 처하게 되면 지혜를 짜내게 된다**. 곤란하지 않을 때는 쉽게 아이디어나 지혜가 나오지 못한다. 이는 위기가 곧 기회라는 의미다.

문제가 발생하면 즉시 작업을 중지하고 3현 주의에 따라 문제해결 방안을 찾아야 한다.

주의할 것은 부서원으로부터 개선결과가 나오지 않을 경우, 더는 기다릴 수 없다며 관리자가 직접 해보이고 결과를 도출한다면 부하의 능력은 육성되지 못한다. 실무 담당자 스스로가 고생도 기쁨도 느낄 수 있도록 개선을 향해 가는 노력을 격려하는 협력을 보여야한다.

이러한 자세가 **인간성 존중**이며, 인간성 존중은 인간이 지니고 있는 사고능력을 최대한 존중하는 것으로부터 시작해야한다.

시키는 대로 하라고 하여서는 실무자의 생각이 개입될 소지가 없다.

실무자가 생각할 여지를 제공하고 표준작업에 따라 작업에 임하고 있는 자가 스스로 지속적인 개선을 시도할 때 기업의 발전은 가능하다.

문제해결능력 배양을 위한 의식

- 자료와 정보를 근거로 생각한다.
- 근본적인 원인을 찾아서 개선안을 수립한다.
- 단계를 따라서 문제해결에 임한다.
- 최후까지 관철하여 포기하지 않는다.
- 그러나 멈출 곳을 정확히 파악한다.

문제해결 10계명[19)]

① 문제는 어디에나 있다. 문제가 없다는 것은 거짓이다.
② 현장·현물을 관찰하여 정보를 파악하고 자료를 통해 사실을 분석한다.
③ 전문기능과 기술을 충분히 습득하고 실력을 연마한다.
④ 품질관리 기법(QC, TQC, SQC 등)을 활용한다.
직감이나 경험에 너무 의존하지 않는다.
⑤ 단숨에 산을 오를 수는 없다.
문제해결을 위한 정석의 단계를 충실히 적용한다.
⑥ 요인분석을 하고 근본적인 요인을 찾아 개선의 방향을 잡는다.
⑦ 창의와 연구에 집중한다.
⑧ 품질관리에 입각한 사고를 중심으로 나아간다.
⑨ 지시하지 않고 스스로 어려움에 직면하며 정면돌파한다.
⑩ 최종까지 근성으로 관철하여 포기하지 않는다.

이러한 의식과 더불어 5W를 적용하면 문제해결에 대한 다양한 견해들을 쉽게 정리할 수 있다.

19) 도요타 생산방식

생각의 시간 : 문제해결

퇴근 시 소나기

생각의 시간 : 문제해결

도면에 따라 제작하였으나 불량발생

23 개선과 혁신

기업의 개선활동은 **'마른 수건도 짠다.'**라는 말로 표현된다.

개선활동은 종사자들이 문제해결에 임하는 자세를 지니고 있는 것으로, 항상 현재의 상태에 만족하지 않고 지속적으로 제품의 질을 높이는 생산을 추구하는 자세다.

개선활동에서 가장 기본적인 사고는 사소한 낭비도 허락하지 않는 것이며, 비용이 들지 않는 개선으로부터 추진하는 것이다.

개선은 무작정 생산성을 향상시키기 위해 최신의 자동설비를 도입하거나 아웃소싱을 단행하는 것이 아니다. 비용을 들여 개선하는 것은 원가절감에 어긋나는 행위며 꼭 필요한 경우가 아니면 섣불리 남용할 것이 아니다.

따라서 진정한 의미의 개선은 개선에 따르는 비용을 최소화하고 종사자 스스로 낭비를 발견하고 그 이유에 대하여 분석한 후 종래의 방식과는 다른 지혜를 찾는 것에 있다.

개선을 할 때 **"무리"**라거나 **"불가능"**을 염두에 두는 것은 바람직하지 못하다.

개선 사이클
문제발생 ⇒ 원인추구 ⇒ 대책마련 ⇒ 대책실시 ⇒ 표준서 작성

개선 사이클은 단계적으로 진행하며 문제점, 낭비 등을 발견하여 조치하고 개선한 후 새로운 표준작업으로 결정해나가는 과정을 반복한다.

아웃소싱(Outsourcing)

- 부가가치가 적은 일부 업무를 협력업체로 돌리고 핵심부문에 집중
- 협력업체로 보낸 업무의 노하우는 간단히 되돌려지지 않는다.
- 사내 작업개선을 통해 잉여인원을 유용하게 활용하고 내재화 시도
- 자신이 할 수 있는 일을 남에게 의지하지 않는다.
- 경영효과의 극대화가 기대되는 경우에 국한시킨다.

개량	개선	혁신
개선의 정도를 동종 업계 평균까지 끌어 올리는 활동으로 단순히 문제해결을 통해 달성	동종 업계 평균 이상으로 향상시키는 활동으로 지식과 고급기능이 필요	업계에서 이상적인 수준까지 끌어 올리는 활동으로 지혜와 상식을 벗어나는 과감성 필요
최소 비용	적정 비용	과도한 비용

24 표준작업

표준작업은 사람 및 설비(제품, 기계 등) 등을 유용하게 결합시켜 우수한 제품을 생산하기 위해 마련하는 것이다.

표준작업 목적

- 저렴한 생산
- 효율적 생산
- 안전한 생산
- 재고 감소
- 필요한 만큼 생산
- 적기 생산(신속한 생산, 리드타임 축소)

표준작업 3요소

- Tact Time(Cycle Time)
  각 생산공정에서 하나의 제품 또는 한 개의 부품을 만드는데 소요되는 표준적 시간
- **작업순서**
  원재료로부터 제품완성까지 가공·조립 등 전체과정으로 운반이나 설비의 장착·분리·제어, 재료의 투입 등과 같은 작업진행 순서
- **표준재공**
  완성품을 만들기까지 공정 중의 각 단계에서 가공대상이 되는 안전재고 또는 기준이 되는 재고량

표준작업 순서

① Tact Time 산출
② 1 개 완성하는데 걸리는 시간 측정
③ 작업순서 결정
④ 표준 재공수 결정
⑤ 표준작업표 작성

Tact Time 산출 방식

- $Tact\ Time = \frac{1\text{일 작업시간(생산시간)}}{1\text{일 필요한 생산량}}$

- $1\text{일 필요한 생산량} = \frac{1\text{개월당 필요한 생산량}}{1\text{개월당 가동일수(생산일수)}}$

- $\text{소요인원} = \frac{1\text{개 생산에 필요한 시간}}{Tact\ Time}$

25 원가절감

기업에서 원가절감은 필수적 활동이며 의식이다.

특히, 새로운 상품이나 신기술이 접목된 제품의 판매에서는 경쟁에서 다소 독점적 지위를 갖는다. 이는 **초기 구입자**(early adopter)들의 초기 제품 구입에 의한 긍지와 만족감이 원인이다. 초기 제품의 가격은 어느 정도 높게 설정되며, 이후 양산체제에선 원가를 낮춰 생산하고 판매가를 조정함으로써 계속적인 시장을 점할 수 있다.

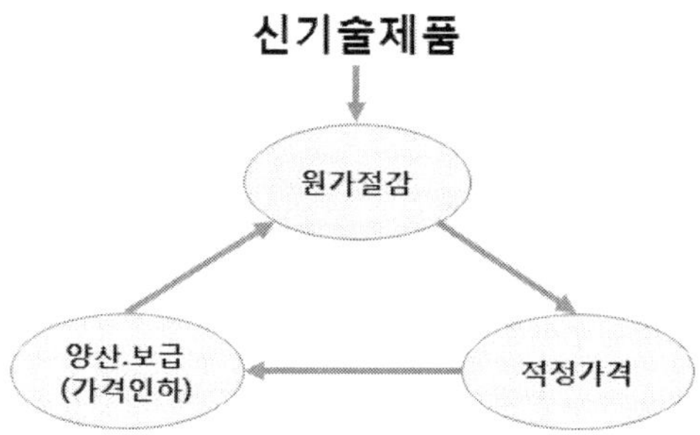

[원가 순환 사이클]

[신상품 생산·판매 흐름]

원가절감은 모든 부서에서 가능하다. 근본적으로는 영업강화와 경비절감을 통해 손익구조를 개선하고, 가격경쟁력이 있는 서비스를 제공하므로 영업기회를 증가시켜야 한다. 경비절감은 불필요한 지출을 줄이는 것에 있듯이, 생산현장에서도 모든 경비를 절감할 수 있는 방안을 강구해야한다.

영업에서의 원가절감

- 불필요한 지출을 줄인다.
- 작업시간을 절감하고 경쟁력 있는 서비스를 제공한다.
- 영업시간이나 영업전담자를 두어 영업기회를 증가시킨다.

소비가 진작되어도 물건이 남아도는 풍요의 시대에서는 저렴하다고 잘 팔리지 않는다. 고객의 요구를 파악하고 질적으로 우수한 제품을 통해 만족도를 높여야한다.

고객만족도 조사는 매우 중요하다.

고객만족은 "어떻게 하면 잘 팔릴까?"를 생각하기보다 **"어떻게 하면 고객이 만족할까?"**라는 발상의 전환이 필요하다.

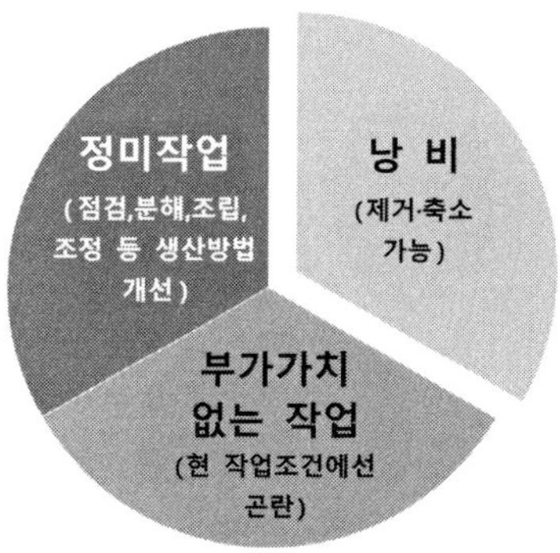

[생산공정에서의 낭비제거]

26 현장주의

모든 정보는 현장에 있다. 현장주의는 모든 관리에서 매우 중요하다.

일반적으로 현장주의는 **3현(현지, 현물, 현재)**을 중심으로 접근하는 방식이다. 사건이나 사고 발생 시 현장보존을 하는 것은 이 같은 조치며, 현장을 잘 보존한 후 발생 상태를 조사하여 원인의 실마리를 잡아 가설을 세우고 검증해 간다.

기업에서는 현장에서 무슨 일이 발생하고 있는지, 어떤 방법으로 일을 처리하고 있는지에 대하여 직접 보지 않고 머릿속에서만 짐작하는 경향이 있다. 일반 관리와 같이 이론적 배경도 중요하지만 현지에서 현물을 두고 확인하는 업무처리방식은 매우 중요하다.

현장과 밀착하여 발로 직접 뛰며 일을 하는 것이 모든 업무의 기본이다.

현장에서 발생하는 문제의 해결을 위해서는 문제가 발생한 즉시 현장에 필요한 인력을 투입하여 조사를 시작함으로써 진정한 원인을 찾아내고 적절한 방지책을 세울 수 있다.

특히, 문제해결을 잘 한다는 것은 살아 있는 지혜로 재료나 부품 또는 반성품이 활발히 움직이고 있는 현장에서 발생한 사실과 사태를 실제로 목격하면서 관계자들과 대화하며 취할 수 있다.

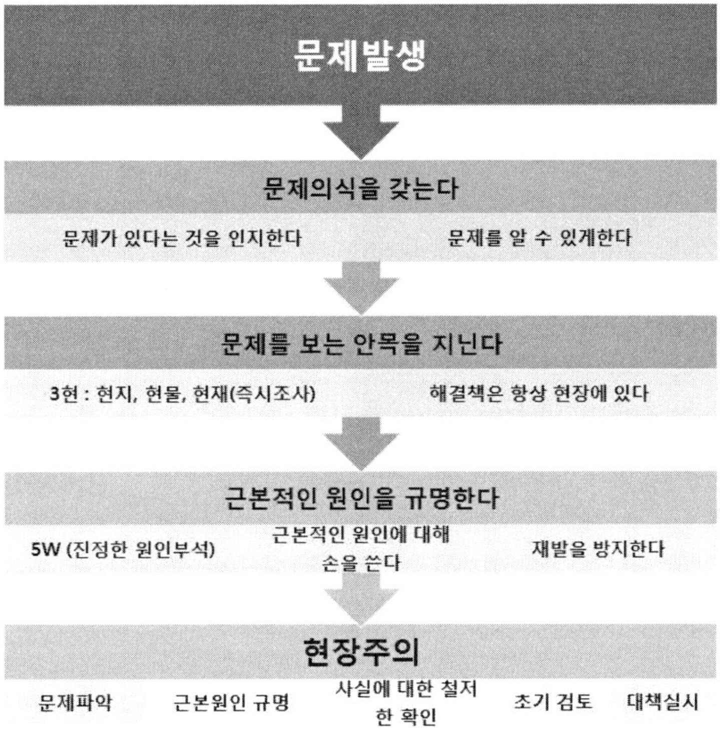
문제발생
문제의식을 갖는다
문제가 있다는 것을 인지한다
문제를 알 수 있게한다
문제를 보는 안목을 지닌다
3현 : 현지, 현물, 현재(즉시조사)
해결책은 항상 현장에 있다
근본적인 원인을 규명한다
5W (진정한 원인부석)
근본적인 원인에 대해 손을 쓴다
재발을 방지한다
현장주의
문제파악
근본원인 규명
사실에 대한 철저한 확인
초기 검토
대책실시

[현장주의 실현]

생각의 시간 : 선박건조 원가 비율

원가절감, 어떻게 할 것인가?

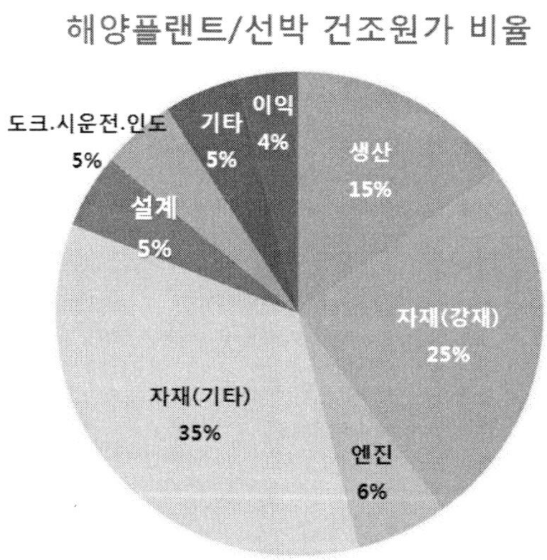

3부
TPS

3부 TPS

27 JIT (Just In Time)

후공정에서 필요할 때 전공정으로 필요한 만큼 물품을 가지러간다.

이는 기본적으로 **끌어당기기(Pull) 생산방식**이다. 이와는 반대로 **밀어내기(Push) 생산방식을** 지닌 잘못된 현장은 아직도 많은 편이다.

JIT의 정의는 필요한 물품을 필요한 때 필요한 양만큼 만들거나 운반하는 것이다. 이와 유사한 개념으로는 트롤리컨베이어 시스템(Trolley Conveyor System)이 있다.

트롤리컨베이어 시스템은 물품을 일정한 방향으로 연속적으로 운반하는 기계장치인 컨베이어를 통해 진행되며, 일반적으로 천정에 설치한 레일을 일정한 간격으로 설치하여 트롤리 사이를 체인으로 연결하고 여기에 물품을 매달아 옮기는 방식이다. 이렇게 하면 물품은 순차적으로 지정한 시간 지정한 곳으로 진행하게 되어 일종의 JIT를 구현할 수 있다.

JIT는 생산에 필요한 부품 또는 자재를 필요한 때에 필요한 만큼 조달하여 낭비적인 요소를 근본적으로 제거하는 원가절감의 생산관리방식이다. 즉, JIT는 무재고 생산시스템인 것이다.

JIT는 다품종 소량생산이나 흐름에 의한 **혼류생산방식**, 재고제로에 의한 생산기간 단축과 저비용을 극대화 하는 **린(Lean)생산방식**, **동기화 생산방식**, **연속흐름 생산방식**, **필요생산방식** 등 다양하게 응용되고 있다.

최근에는 재고, 구매에 적용되는 범위를 넘어 생산의 모든 영역을 관리하는 생산관리 시스템으로 활용되고 있으며, 철저한 낭비제거 이외에도 경영에 직결되는 전사적 제조기술, 철저한 낭비배제 및 미연방지, 현장주의, 참여경영 및 인간경영에서도 활용되고 있다.

서비스업(세탁업)의 경우, 이는 대표적인 수주형식이며 변량작업의 특징을 지니고 있다. 주요공정은 세탁물의 접수에서부터, 오염·납품·계절 등에 따른 선별작업, 세탁, 다림질·부분 손질 등의 마무리과정, 포장의 순으로 진행된다.

또, 납입수요는 특급품, 일반품, 계절품 등으로 구분되며, 시급한 정도에 따라 긴급, 일반, 지연 등이 있다. 세탁작업은 이런 주문과 판별에 따라 효율적이고 낭비가 없는 방법으로 진행해야한다. 이때 수주와 납품의 시기에 대한 조정은 매우 중요하다.

이와 같은 특징을 보이는 작업에서는 JIT의 적용이 필수적이다. 즉, 납품물을 모두 다음 날 완성해 둘 이유는 없다.

이를 위해서 선별 작업부터 원활하지 못하면 재작업하거나 과잉작업이 필요하여 낭비가 초래되고 재고가 증가하며 불필요한 운반이 발생한다.

JIT를 적용한 작업선별

- 납품·판매와 직결된 물품을 작업대상으로 한다.
- 작업을 위한 준비교체를 효율적으로 한다.
- 작업이나 업무의 흐름화를 고려한다.
- 팀웍을 통해 양적인 변동에 대응한다.
- 품질·원가·납기를 고려한다

JIT의 궁극적 목표

- 원가절감
- 과잉생산 제거
- 리드타임 단축
- 변화에 대응
- 재고감축
- 품질향상
- 생산성 확보
- 투자수익 증대
- 낭비감소 등

<table>
<tr><th colspan="3">JIT 기본원칙과 구축방법</th></tr>
<tr><td>① 공정흐름화</td><td>• 소재·부품·공정품이 정체 없이 물 흐르듯이 진행
• 평준화 생산
• 1개 흘리기(소로트)
• 공장 간 동기화</td><td>- 전체 : 평준화 생산 가능
- 물품 : 동기에 따른 소로트
- 사람 : 다기능공화
- 설비 : 공정 순서에 따른 배치</td></tr>
<tr><td>② 필요 수로 택트 산출</td><td colspan="2">• 얼마만큼 어떤 빠르기로 만들 것인가
• 표준작업 결정과 준수
• 택트타임, 작업순서, 표준재공 결정</td></tr>
<tr><td>③ 후공정 인수방식</td><td colspan="2">• 생산지시 정보의 단일화
• PULL 생산
• 간판시스템 사용</td></tr>
<tr><td>④ 소로트 생산</td><td colspan="2">• 준비교체 시간 단축</td></tr>
</table>

JIT는 생산공정에서 비생산적 시간과 비효율적 측면을 제거하여 공정과 품질을 지속적으로 개선시켜준다. 결국 불필요한 생산을 배제하면서 부가가치를 높이기 위한 것으로 낭비제거의 근원적인 고민을 하도록 자극한다.

대부분의 기업에서 JIT를 적용하고 있으며 그 결과도 성공적으로 나타나고 있다.

최근엔 **대형 조선소**에서도 JIT를 적용하여 낭비제거는 물론 공기의 단축을 시도하고 있다.

조선소는 JIT 생산체제를 갖추기 위해 선박제조 공정 간의 유기적인 연계가 가능한 '**라인 생산 시스템**'을 적용하여 선박을 제작하고 있다.

선박건조 공정 중에서 생산과 밀접한 구조 생산설계는 매우 JIT 적용의 사례가 될 수 있으며, 그 관련 내용은 다음과 같다.

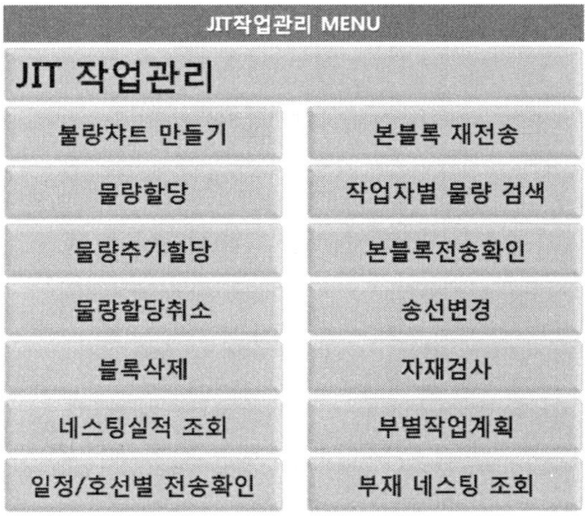

블록별로 설계 담당자는 구매 가능 규격으로 작성된 강재 BOM(Bill Of Material)을 강재계획 부서에 접수하고, 강재담당부서에서는 구매부서인 강재팀으로 POR (Purchase Order Requisition)을 발행시킨다.

자재 소요 목록표를 시스템을 이용하여 전송하고 호선의 블록별로 물류 JIT 타입을 확인하여 강재발행 및 적치를 수행한다.

JIT 물량은 별도로 전송하면 블록별로 절단 시점 및 물량을 관리할 수 있다.

잔재관리 시스템에서도 JIT의 적용은 가능하다.

등록잔재의 경우, 설계에서 잔재번호를 부여하여 생산에서 적치 등록 후, 설계의 불출지시에 따라 사용 및 관리되는 자재는 적시 적재(JIT)에 의해 보급되며, 다음과 같은 이점을 획득할 수 있다.

잔재관리 시스템의 JIT 적용 장점

- 배재의 효율성 증대
- 강재수급 환경변화에 대한 대응력 증대
- 구조개정에 의한 생산설계의 유연성 확보
- 생산계획 변경에 대한 대응력 강화 등

생산체계에서 소조재고를 감축하는 경우에도 JIT기법을 적용할 수 있다.

이 경우에는 소조 반성품(ASS'Y)을 후공정의 사용 시점에 맞추어 반출할 수 있고, 전후공정의 정교체계를 구축할 수 있으며, 소조제작 순서를 조절할 수 있다.

특히, '**눈으로 보는 관리**'를 이용하여 전공정의 투입에 대한 시간별 투입계획을 게시판을 이용하여 게시하면 일별로 투입되는 현황과 담당자 연락처 등을 확인하고 관리를 수월하게 할 수 있다.

조선소의 '눈으로 보는 관리'와 JIT

- 부재신청에 대한 일별 신청을 투입 우선순위에 따른 관리
- 이동수단에 꼬리표(스티커 등)를 부착하여 이에 따라 반출 의사결정
- 재공재고 관리
- ASS'Y 반출 시 운반요원에 의한 생산완료일, 반출일자 등을 기록하는 관리
- 긴급작업 발생 시 ASS'Y별로 표시하여 ASS'Y 제작 우선순위를 결정

JIT로 개선 될 낭비

- 생산량이 일정치 않고 변동이 있을 경우 설비, 노동, 재료가 정점에서의 능력을 갖추어야 하므로 낭비 발생
- 작업공수를 줄이고 생산준비 비용의 감소를 위한 로트생산을 할 경우 과잉생산 낭비 발생
- 작업자의 동작낭비로 기계를 감시, 치공구 조정, 치공구를 찾거나 가지러 가는 낭비

28 공정 흐름화

JIT를 구현하기 위해 가장 먼저 수행해야 할 것은 공정의 흐름화를 현장에서 마련하는 것이다. 공정흐름화는 JIT를 위한 기본원칙 중 하나인 것이다.

여러 종류의 다양한 고객의 요구에 신속하고 유연하게 제품을 필요한 만큼 만드는 것은 매우 어려운 일이다. 현실에서는 로트생산을 하며 과잉생산을 하므로 낭비를 초래하는 기업들이 많은 게 사실이다.

공정흐름화는 많은 공정으로 구성된 현장에서나 혼자 물건을 제작하는 경우 모두 적용된다. 공정흐름화는 공정사이의 물품의 정체를 없애고 물품을 하나 씩 다음 공정으로 무리 없이 진행시키게 한다.

이와는 달리 로트생산은 작업자가 동일한 물품을 일정한 수량만큼 모아서 생산하는 방식이다. 이 경우, 후공정이나 전공으로부터 공정 중 재고가 증가하거나 물품의 부족 상태가 발생하며 공간 등의 낭비가 초래할 수 있다.

공정흐름화의 목적

- 공정 중 대기를 줄인다.
- 공정 중 낭비를 줄인다.
- 공정 중 공간을 정리·정돈한다.
- 공정 흐름에 걸림을 줄이고 막힘을 없앤다.
- 공정 간의 흐름을 순조롭게 한다.
- 재공품의 리드타임을 단축한다.
- 물품 흐름을 방해하는 낭비가 제거된다.

공정흐름화를 하기 위한 전제조건

- 작업자의 다기능공화
- 작업자의 다공정 담당
- 기계설비의 공정 순 레이아웃
- 조립부품의 공정 순 세팅

공정흐름화를 하기 위한 필수조건

- 한 개씩 흘리기를 원칙으로 하여 흐름이 막히지 않도록 하고, 이를 발견할 수 있도록 한다.
- 필요 시 **간판시스템**을 활용한다.
- 공정 중 오류 발생을 발견하기 위해 **안돈시스템**을 활용한다.
- 관리자는 공정라인을 멈추지 않도록 한다.
- 작업 속도가 다르지 않도록 공정 간의 동기화를 마련한다.

29 소로트 생산

소로트 생산은 근본적으로 재고의 낭비를 줄이는 것이며, 이를 위해서는 준비교체 시간의 개선이 필요하다.

로트생산은 물품을 한 번에 일정량을 묶어 생산하는 방식이다. 이는 대량생산에서 주로 사용되며, 생산단가가 절감될 것이라는 의도에서 비롯된다.

양산체제하에서 대량의 생산물을 한 단위로 묶어(대 로트생산) 생산한다면 과잉생산 낭비를 유발하기 쉽다. 그리고 과잉생산된 재고는 불량재고로 남을 확률이 높다. 다 팔지 못하고 남은 완성품은 관리하기 위한 공간이나 관련된 노력이 필수적으로 따르기 때문이다.

생산량은 재고에 의해 결정되는 것이지 공장의 형편에 의해 늘리는 등은 위험하다. 따라서 주문을 중심으로 소로트 생산하는 지혜가 필요하다.

소로트 생산을 위한 주의점

- 준비교체 시간을 단축(개선)한다.
    - 준비교체를 줄일 수는 없지만 시간은 단축할 수 있다.
    - **싱글 준비교체 / 원터치 준비교체**
- 준비교체의 개선
    - **내준비 교체** : 설비가동을 멈추고 교체
    - **외준비 교체** : 가동 설비를 멈추지 않고 교체

소로트 생산을 위한 개선

- 준비교체 작업에 대한 내용의 실태조사와 낭비제거 목표 설정
- 내준비 교체에서 외준비 교체로 전환 검토
- 정기적 준비교체 작업 점검

생각의 시간 : 소 LOT

소로트생산 사례

30 Tact Time

JIT는 필요한 관리기법이지만, 이를 수행하기 위해선 물품을 만드는 시간이나 주어진 생산시간에 대한 생산 측도를 판단하지 않고는 달성할 수 없다. 특히 생산량이 변하거나 생산에 투입될 인원의 변화는 생산관리에서 중요한 대상이다.

기업체의 현장에서는 생산목표를 달성하기 위해 수시로 생산 투입 인원과 생산시간을 조절하는 것이 다반사다. 필요하면 인력의 파견이나 잔업 또는 특근을 감수해야 하고 그렇지 못하면 생산량을 조절해야한다. 이에 필요한 것이 **택트타임**이다.

판매는 평준화할 수 없는 시장에 따르지만, 현장에서의 과잉생산을 막는 동시에 필요한 주문량에 대하여 부족한 생산으로 이어지지 않도록 궁극적인 JIT를 완성해야 한다.

각 공정이 적당량을 임의의 속도로 생산할 경우는 공정 중 재고가 쌓일 것이다. 모든 공정이 물 흐르듯이 원활하게 생산해간다면 낭비 없는 생산이 가능해진다.

택트타임은 작업자가 물품 하나를 생산하는 어느 정도의 시간이 소요되어야 하는 것이다. 즉, 어느 공정에서 물품 또는 제품 하나를 만드는 데 필요한 시간이다.

택트타임은 JIT에 따라 생산하기 위해 판매량을 근거로 또는 해당 공정의 생산량을 목표로 한 생산량과 작업시간(가동시간, 생산시간, 제조시간, 조업시간)에 따라 결정한다. 따라서 생산목표가 2배로 증가하면 작업시간을 2배로 늘리거나, 택트타임을 줄이기 위해 작업자를 증원시켜야한다.

택트타임을 위해서 표준작업이 선행되어 준비되어야한다.

작업자가 물품을 가공하거나 조립할 때 작업상 실수에 의해 불량이 발생하지 않도록 하며 택트타임 내에서 작업이 이뤄지도록 평소에 훈련되어야 하고, 정해진 작업을 정해진 수순으로 표준작업을 따라야한다.

택트타임과 표준작업은 생산성을 향상시키고 소인화 등 작업자의 효율적 관리에도 영향을 주는 개선의 기초가 된다.

택트타임은 물품 1개 또는 부품 1개를 얼마의 시간으로 생산하여야 하는 가에 대한 시간값으로 생산택트를 나타낸다.

Tact Time 산출 방법

- 1일 필요수 = 1일 당 판매 또는 목표 수를 기준으로 하는 생산수
- $Tact\ Time = \dfrac{\text{1일 가동시간}}{\text{1일 필요 생산량}}$
- $\text{소요인원} = \dfrac{\text{1개 만드는 데 소요되는 시간}}{Tact\ Time}$

Tact Time 활용 사례

- 제품 : 샌드위치 생산, 정시 납품
- 작업시간 : 오전 9시부터 11시까지(2시간), 이후 배송
- 작업수량 : 평일(월~금) - 360개/일
휴일(토, 일) - 480개/일
- 1개 샌드위치 제작 완성 소요시간 : 100초

① 평일

- T·T = (2 * 60 * 60) / 360개 = 20 [초/개]
- 소요인원 = 100 / 20 = 5명

② 휴일

- T·T = (2 * 60 * 60) / 480개 = 15 [초/개]
- 소요인원 = 100 / 15 = 7명

생각의 시간 : Tact Time

샌드위치 사례에서 추가 해결 사항

① 휴일의 경우, 재료가 주어졌다면 7명이 최대한 생산할 수 있는 개수?

② 휴일의 경우, 7명이 필요하나 5명으로 작업해야 할 경우 작업시간은?

31 후공정 인수방식

생산이나 판매방식에는 **밀어내기 방식**(Push)과 **끌어당기기 방식**(Pull)이 있다.

밀어내기 방식은 생산계획을 기초로 각 공정이 개별적으로 계획에 따라 생산하고, 후공정은 이를 알지 못하는 가운데 물품을 전달받는 전형적인 흘려보내는 방식이다.

끌어당기기 방식은 후공정에서 필요한 경우 전공정으로 물품을 가지려 가는 방식이다.

자공정 제일주의는 자공정의 형편을 우선으로 품질을 유지하며 자신의 입장이나 형편이 좋을 때 임의의 수량을 생산하는 방식이다. 이 경우 발생할 수 있는 문제점은 생산하더라도 후공정과의 사이(공정중 재고)나 창고(완성품 재고)에 물품을 쌓아 보관하는 등 낭비가 발생할 수 있다는 점이다.

이러한 상황은 필요한 만큼만 생산하여 근본적으로 과잉생산을 방지하고 재공 중 ASS'Y(공정품, 반성품, 재공품)의 양을 조절할 수 있도록 하는 JIT적 관점을 위배하는 것이다.

후공정 인수방식은 끌어당기기 방식으로 후공정에서 필요한 물품을 필요한 때 필요한 만큼 인수해 가는 방식이다. 이 경우라면 공정 중 재고나 완성품 재고는 극히 발생하지 않는다.

후공정 인수를 위하여 간판시스템을 사용한다. **간판시스템**은 후공정 인수방식을 지원하기 위해 해당 물품과 전달에 필요한 정보를 전달하는 수단이다.

간판시스템은 언제 어디서 무엇이 얼마나 필요한가를 알 수 있도록 작성된 카드 형식으로 일종의 꼬리표에 해당한다. 최근엔 부품명(제품명), 납기, 납입장소 등의 정보가 IT화하여 관리되고 있으며 관리의 중요한 수단으로 작용하고 있다.

후공정 인수방식을 도입하기 위해서는 인수된 내용에 따라 제품의 종류나 수량을 균일하게 생산할 수 있는 체제를 구축하는 **평준화 생산체계**가 필요하다.

후공정 인수방식은 특정 부문만 적용해선 안 되나 단위 공정으로 분리될 경우 별도의 단계별 적용도 가능하다.

평준화 생산을 위해서는 각 공정을 검토하고 개선해야 하며 이때, 과잉생산 낭비, 운반 낭비, 재고 낭비 등이 줄어든다. 이러한 낭비의 감소는 원가절감에 유리하여 개선의 노력이 필요하다.

후공정 인수방식의 특징

- **과잉생산 낭비 감소**
  - 업무의 과다한 진척, 예측생산에 의한 필요 이상의 생산
  - 간판시스템 도입
  - 공정 간 제품흐름 파악
  - 판매 제품량 파악
  - 고객의 필요에 따른 생산

- **운반낭비**
  - 부가가치가 없는 모든 작업에 수반되는 낭비
  - 공정 레이아웃 개선에 의한 무운반
  - 운반방법의 합리화
  - 필요한 지역에 생산 거점 확보
  - 외부 협력사 자체제작 또는 사내 협력사 활용

- **재고낭비**
  - 재공품, 제품 등 부분 과잉생산
  - 재공품 기준량 설정
  - 안전재고 확보
  - 재고의 제로화
  - 재고량의 판단을 위한 '눈으로 보는 관리' 도입
  - 공간의 최적화 및 활용성 증대

간판시스템의 기능

- 작업지시
  - 무엇을, 언제, 얼마나 생산(운반) 할 것인지 작업정보 지시
- 현품관리
  - 모든 현품에 간판을 부착하여 정보 흐름 일체화 관리
- 개선의 도구
  - 현장을 '눈으로 보는 관리' 상태에 두어 개선점 발견용이

간판시스템 도입 전제조건

- 흐름라인을 만든다.
- 생산을 소로트화 한다.
- 생산의 평균화와 평준화를 이룬다.
- 운반 사이클의 단축과 균일화를 이룬다.
- 생산의 계속성을 유지한다.
- 소재 위치 번지를 설정한다.
- 포장의 형태와 용기를 설정한다.

간판시스템의 종류		
① **납입간판**	:	납입지시서
② **제품인수간판**	:	납입간판을 사용하지 않을 때 대체 가능한 간판
③ **조립간판**	:	제품 스토어의 제품에 첨부되는 간판
④ **부품인수간판**	:	공정 라인 내의 부품에 첨부하는 간판
⑤ **부품가공간판**	:	부품 스토어의 가공완성품에 첨부하는 간판
⑥ **재공신호간판**	:	로트 생산 공정 등에 사용하는 간판
⑦ **부품구입간판**	:	부품 스토어 또는 부품재료 창고의 부품에 첨부하는 간판

간판시스템의 특징

① 적시구매 및 적시생산 지원
② 작업여력이 있어도 수요가 없으면 작업진행 중지
③ setup time 감소
④ 모든 공정의 생산량에 대한 균형 유지
⑤ 재고의 최소화와 낭비배제 지원
⑥ 표준화 생산과 표준화된 작업방법이 전제
⑦ 생산 필요를 알려주는 Pull 생산방식 지원

간판시스템의 운영규칙

- 불량품은 절대로 후공정으로 보내지 않는다.
- 후공정에서 간판을 가지러 온다.
- 후공정이 인수해 갈 양만큼 생산한다.
- 생산을 평준화한다.
- 간판은 미세조종의 수단이다.
- 공정을 안정시켜 합리화 한다.

표준작업과 작업표준

- **표준작업**
  - 모든 낭비를 제거하고 물품의 흐름을 빠르게 하여 필요한 물품을 필요할 때 필요한 만큼 제작하여 운반하기 위해 사람, 기계, 물품을 가장 효율적으로 조합해 작업표준을 표준화하여 생산하는 것
- **작업표준**
  - 표준작업을 실시하기 위해 다양한 작업수행으로 가장 경제적이고 효율적인 조건을 표준으로 규정한 것

생산 평균화와 평준화

- **평균화**

  - 개별적인 제품의 생산 수량을 하루 평균 동일한 수로 할당하는 것

- **평준화**

  - 평균화된 내용을 다시 세분화하는 것

◇ 이 두 개념은 제품의 종류와 양의 산포를 없애고 재공품의 최소화를 달성하기 위한 것으로 공장 전체의 능률을 최고 상태로 유지시킨다.

6S

- 5S에 대하여 '마음가짐'을 추가한 새로운 개념
- **마음가짐** : 올바른 작업방식을 실행하는 성실한 자세

기타 생산관리를 위한 개념들

- 리드타임(lead time)
  - 원자재로부터 제품완성에 이르기까지의 소요 시간
  - 동기생산이 가능한 여부는 리드타임의 단축 수준에 의해 결정된다. 모든 리드타임 단축은 수주생산, 동기생산을 가능하게 한다.

- 안돈시스템
  - '눈으로 보는 관리'의 도구로, 생산 흐름에서 이상발생을 알려주는 전달수단
  - 품질이상, 기계고장 등 각종 트러블 발생 시 작업자가 바로 인근의 버튼 등을 눌러 표시등을 켜고, 이상 발생 사실을 주변에 알리는 통지 및 호출 기능

32 인변자동화

인변자동화는 사람을 대체하여 생산할 수 있는 단순한 자동화기기에 대하여 사람의 지능이 추가된 자동화를 의미한다.

기계·설비의 오류나 품질오류, 작업지연, 안전사고예상 등 문제가 발생하면 기계·설비가 스스로 오류와 문제를 감지해 자동적으로 정지하거나, 작업자 자신이 정지 스위치를 눌러 라인을 멈추고 타당한 조치를 해야 한다.

인변자동화는 생산과정의 자동화는 물론 오류·오작동, 문제발생예상 등과 같은 이상상태가 발생하면 기계·설비에서 스스로 이를 감지하여 불량생산, 사고 등을 방지하는 기능이 추가된 자동화다. 이러한 자동기능이 장착되면 불량은 없어지고 오류발생을 명확하게 알 수 있다.

인변자동화는 일반자동화 기기에 자동정지 기능(FP : Fool Proof) 등을 부여하고 생산성을 높이는 동시에, 안전한 생산과 불량발생을 근본적으로 차단한다.

인변자동화의 고려사항
• 품질확보 • 생력화, 생인화, 소인화의 달성

따라서 인변자동화를 구축하면 이상의 재발을 방지할 수 있으며 품질의 내실과 산업안전사고를 예방할 수 있고, 설비를 감시할 인원이 단계적으로 감소하며 원가절감이 가능해진다.

하지만, 인변자동화가 달성되어도 최소의 인원은 필요하고, 이 인력은 **다기능공화**가 필요하다. 작업자의 다기능화는 생산현장에서 보다 다양한 상품생산도 가능하게 한다.

인변자동화 개념
• 이상 발생에 대한 스스로 정지 및 조치 • 이상 발생 시 질적, 양적, 작업, 설비 등 제어 • 사람이 하는 일 → 자동화 + 지혜 → 기계가 하는 일 → 인변자동화

인변자동화 목적
• 품질관리 • 소인화에 따른 원가절감 • 작업 다양화 대응 • 인간존중 • 생산과정만의 자동화가 아닌 진정한 자동화 추구 • 품질 이상 발견 • 작업자 안전도모 등

인변자동화	일반 자동화
• 이상발생 시 기계가 자동정지 • 불량이 없음 • 기계, 치구 등 고장의 미연방지 • 이상의 문제점 발견 • 소인화 달성	• 사람이 수동으로 조작 • 기계의 오작동 발생 • 불량 발생 • 사람의 실수 발생 • 생력화 달성

33 품질확보

소비자가 바라는 제품의 품질을 달성하기 위해서 만드는 사람, 검사하는 사람, 부품을 조달하는 사람, 파는 사람, 관리하는 사람 등의 구분적 사고로는 고객이 만족하는 품질을 제작하기 어렵다.

품질은 모든 부서에서 검토되어야 하고 전사원이 참여하는 과정(TQM)이 요구된다. 어느 담당자의 실수라도 품질에는 치명적으로 작용할 수 있으며 이는 고객에게 큰 불만으로 나타난다.

품질확보 단계

① 제 1 단계

- 준비의 확실화
- 표준업무의 준수

② 제 2 단계

- 불량 발생 경우, 신속한 파악
- 재발방지책 마련
- 표준작업의 재검토
- 완벽한 품질 확보

재발방지

- **보고** : 결론을 전달하고 뒤에 설명
- **연락** : 즉시
- **상담** : 일의 시작 전 수행

- 이상의 현재화
- 낭비의 현재화
- 개선의 조기 실시

현재화의 목적

- 기업의 존속과 성장 발전기여
- 품질, 원가, 납기(QCD)의 유지
- 이상의 현재화 : 이상의 조기 짐작
- 낭비의 현재화 : 눈으로 보는 관리
- 관리의 현재화 : 제품, 서비스, 재료, 공구, 기계설비, 전표, 표준류, 게시판, 게시물 등

품질확보 포인트

- **사전준비와 표준작업 시행**
  - 작업 전 연락·통지 사항 철저 전달
  - 실패사례 소개
  - 고객불만 정보 입수 및 공개
  - 원자재 준비
  - 작업조건 확인
  - 판매조건 확인
  - 표준작업 준수

- **정보 공유화에 의한 재발방지**
  - 클레임(claim) 내용
  - 컴플레인(complain) 내용
  - 문제 발생 사례
  - 5S 기준의 사례
  - Fool Proof
  - sample품
  - 설비 상태
  - 실패 사례집
  - 소집단 결론 등

34 소인화

인변자동화와 소인화

- **생력화** : 자동화기기에 의해 작업자의 수고가 어느 정도 덜어지는 상황
- **생인화** : 생력화의 결과에 따라 사람을 줄일 수 있는 정도
- **소인화** : 생인화가 잘 진척되어 작업자의 수가 대폭 감소한 상황

생력화는 수작업을 기계화했을 때 작업자의 업무량이 부분적으로 감소하고, 이때 사람에 대한 대체도 부분적으로만 이뤄져 인금에 대한 원가절감이 발생하지 못하는 경우다.

생인화는 작업자를 줄일 수 있는 정도의 자동화가 구축된 상황으로 인건비에 대한 원가절감이 발생한다.

즉, 생력화는 큰 의미가 없으며 생인화가 달성되어야 하는 것으로 자동화가 추진되어야한다.

생인화 과정이 거듭되면 결국엔 최소의 작업자로 생산과정을 진행할 수 있으며 이를 **소인화**가 달성된 것으로 한다.

만약, 작업자 5명이 수행하던 일이 자동화로 개선되어 3명이 할 수 있다면 2명이 생인화 되었다고 볼 수 있다. 단, 생산설비 등의 제약으로 줄어진 업무량에 대응한 인원을 줄일 수 없다면 생인화는 달성되지 못하고 자칫 과잉생산으로 이어져 낭비로 작용할 수도 있다.

소인화는 정원제를 극복하고 생산량의 증가에서도 인원 증가가 최소화 되며 가장 적은 작업자로 유동적인 생산이 가능한 상태에 도달한 경우다.

생각의 시간 : 인변자동화

소인화가 야기할 문제점

35 7대 낭비

생산성을 향상시키기 위해서는 어떤 낭비라도 줄여야한다.

낭비 작업은 일을 진행하는 가운데 불필요한 것이며 제품의 원가를 높이는 원인이 된다. 기업의 생산현장에서의 낭비는 크게 7가지[20]로 정의한다.

7대 낭비는 물건을 대상으로 한 과잉생산 낭비, 운반낭비, 재고낭비 및 사람을 대상으로 한 가공 그 자체의 낭비, 대기낭비, 동작낭비 그리고 품질을 대상으로 한 불량·수정의 낭비 등이다.

7대 낭비 중에서 과잉생산의 낭비는 가장 영향을 크게 미치는 것으로 다른 낭비의 요인이나 새로운 낭비를 발생시키는 원인이 된다. 낭비의 제거는 개선의 실마리가 된다.

7대 낭비

① **과잉생산 낭비** : 필요 이상으로 완성품 생산
② **대기낭비** : 일의 불균형으로 발생
③ **운반낭비** : 공정 레이아웃 등 공정편성 불비로 발생
④ **가공낭비** : 부수작업으로 현재의 방법이나 조건으로 발생
⑤ **재고낭비** : 지나친 재고 확보로 발생(안전재고 고려)
⑥ **동작낭비** : 불필요한 동작에 의한 발생
⑦ **불량낭비** : 잘못 만들어 불량으로 발생

20) 도요타 7대 낭비

① 과잉생산 낭비

과잉생산(완성품)은 7대 낭비 중 가장 나쁜 낭비로 다른 낭비로 이어지는 영향이 크다. 지나친 의욕은 과잉생산의 원인이 된다. 과잉생산은 판매될 수 있다고 확신하며 수개월 또는 장기간에 필요한 제품을 선행 생산함으로써 발생하는 것으로, JIT에 따라 제작 시간을 중시하는 TPS 생산방식에서 가장 금기시 하는 사항이다.

과잉생산은 과잉투입된 인원과 설비가 원인일 수 있으며 소로트 생산보다는 대로트 생산에서 흔히 발생한다. 또한 설비의 고성능화는 자칫 과잉생산으로 이어지기 쉽다. 과잉생산은 생산흐름을 저해하고 재고·재공품을 증가시키며, 재료와 부품을 미리 사용함으로써 필요한 부품의 부족현상으로 이어지거나 불량으로 진행되기 쉽다. 이러한 현상은 기업의 자금회전률을 악화시켜 기업 전반의 계획의 탄력성을 저하시킨다.

과잉생산을 방지하기 위하여 원래 작업대기 시간이 주어진 경우라면, 이 대기시간이 지나고 난 후에 다음 작업을 실시해야하며, 작업 또는 기계·설비의 여유가 있다고 계획된 이외의 생산을 시간당 생산성 향상만 고려하며 함부로 수행하지 않아야 한다.

② 재고낭비

과잉생산은 제품, 부품, 제작 중인 물건의 재고를 늘리고 기계고장, 공정불량 등으로 이어진다. 이처럼 원재료, 부품, 조립품(반제품, 공정품, 반성품 등) 등이 정체되어 있는 상태로 창고나 공정 중에 쌓여 있는 낭비가 재고의 낭비다.

재고의 낭비는 공간의 낭비는 물론, 운반·검사의 추가 발생, 운전자금과 금리비용의 증가로 이어진다. 재고는 기업의 모든 어려움의 요인이 되며 관리수준을 보여주는 지표가 된다. 이는 재고가 제품의 부가가치에 아무런 도움도 주지 못하기 때문이다.

재고낭비의 방지는 적정재고에 대한 기준을 마련하고, 평준화 생산, 생산흐름의 원활화, 간판시스템의 효율적 이용 및 Single 준비교체시간, 원터치교체시간의 달성 등으로 극복할 수 있다. 그러나 부품의 확보가 불안정한 경우 등을 고려한 안전재고를 부정해서도 안 된다.

③ 불량낭비

공정에서 불량을 만들면 이때에 사용된 인건비, 재료비, 경비가 모두 낭비로 취급되며 생산능력 저하와 검사요원과 검사공정이 증가한다. 불량품의 발생이나 증가는 클레임을 야기 시키고 결국, 기업의 이미지를 저하시키는 등 막대한 어려움으로 이어진다.

불량낭비는 공정 중 검사가 미흡하거나 검사방법과 기준이 미비한 경우, 과잉적인 품질을 달성하고자 할 때 그리고 표준작업이 결여되는 등을 원인으로 발생한다. 최악의 불량낭비는 불량이 나와도 작업을 계속 진행하거나 불량에 대한 대책을 마련하지 않는 것이다.

불량낭비를 근절하기 위한 방안으로는 인변자동화, Fool Proof의 설치, 공정 중 품질수준결정 시스템의 마련, 품질보증제도 및 전수조사 등이 있다.

④ 운반낭비

운반낭비는 불필요한 운반이나 물품의 이동, 보관 등과 같이 필요이상의 운반거리를 만드는 작업과정, 물품의 임시적재 난발, 물품 다시 쌓기 등으로 생기는 낭비다. 이들은 주로 비합리적으로 물품을 보관하는 방법과 작업자의 판단실수, 좌식작업의 확대, 무계획적인 생산 등으로 운반활성도가 낮은 것에 원인이 있다.

운반낭비는 비효율적인 공간이용과 생산성 저하는 물론 운반공수의 증가, 운반설비의 증설, 제품손상의 발생 등으로 이어질 우려가 있다.

운반낭비를 줄이기 위해서는 작업자를 중심으로 U자형 설비배치, 흐름 생산, 다기능공화, 입식작업 방식 및 운반활성지수의 향상 등을 고려한다.

⑤ 가공낭비

가공 또는 가공 그 자체 낭비는 불필요한 공정이나 작업의 표준이 수립되지 않아 발생한다. 특히, 공정의 진행이나 가공의 정밀도에 관계없는 불필요한 가공은 이 낭비에 해당한다.

가공낭비의 원인은 공정순서의 분석미비, 작업내용의 분석미흡, 합당하지 않는 치공구의 사용, 표준화의 미비, 재료검토의 미비 등이다. 이런 원인들은 불필요한 공정이나 작업을 발생시키고 작업공수를 증가시키며, 따라서 작업능률이 저하되어 제품불량으로까지 이어진다.

이 낭비를 발견하기 위해서는 작업자 하는 일이 무엇인가를 명확히 하고, 기계의 일은 무엇인가를 분명하게 구분하여 가공에 포함되는 낭비를 찾는다.

가공낭비를 극복하기 위해서는 공정설계의 적정화, 작업내용의 수정, 치공구의 변경, 자동화 확대, 작업표준화 달성 및 VA(Value Analysis)와 VE(Value Engineering)를 추진한다.

⑥ 대기낭비

작업자의 업무대기에 따른 낭비로, 작업자의 기계감시로 인한 대기, 전(앞)공정에서 오는 부품지연에 의한 대기 등 생산현장에서 많이 나타나는 낭비다.

대기낭비는 기계가 가공을 하고 있는 동안 작업자가 지켜만 보고 있는 것과, 전공정으로부터 재료 또는 반제품의 부품이 누락되어 온 경우, 전공정으로부터 작업물(반제품)이 넘어 오지 않은 경우, 자공정의 잘못으로 후공정으로의 대기를 발생시키는 등에 의해 발생한다.

이들은 공정의 이상사태의 발생, 비효율적 설비배치, 전공정에서의 문제발생, 작업능력의 불균형 및 대로트 생산방식 등이 원인이다. 이를 극복하기 위하여 생산의 평준화, 공정 간의 동기화를 위한 작업배치, 인변자동화 구축, 공정 내 준비교체 및 Fool Poof기법 등이 있다.

⑦ 동작낭비

작업자가 열심히 일을 해도 부가가치의 향상으로 연결되지 않는 동작이 있다. 이러한 동작은 결국 불필요한 동작이며 의미 없는 행동이다.

동작의 낭비는 자기만의 작업방법과 작업자의 고착된 근성 또는 불합리한 배치 등이 원인이다. 생산과정에서 이런 자세는 작업인원과 공수를 증가시키며 작업을 불안정하게 만든다.

동작낭비를 극복하기 위해서는 동작 하나하나에 대해 그 목적을 체크하고 동작의 경제성을 검토하여 표준화시킨다. 이와 더불어 흐름생산을 순조롭게 하도록 공장내의 공정흐름을 U자형 또는 순차적으로 배치를 하거나 작업대 각도 조정을 하고 작업표준화와 동작의 경제원칙을 제정하여 준수토록 한다.

동작경제의 원칙[21](Principle of Motion Economy)

- 두 손의 동작은 동시에 시작하여 동시에 끝낸다.
- 휴식시간 이외엔 양손을 동시에 쉬지 않는다.
- 팔 동작은 동시에 대칭적 방향으로 이뤄지게 한다.
- 손과 몸의 동작은 가장 단순하게 한다.
- 근육의 사용은 최소로 줄이며, 전체적으로 리듬감을 갖는다.
- 직선동작보다는 유연하고 연속적인 곡선동작을 중심으로 한다.
- 제한되고 통제된 동작보다는 빠르고 쉬운 평범한 동작을 한다.
- 눈의 초점이 흐트러지는 작업을 줄이고 불가피하면 초점이 필요한 두 지점의 거리를 짧게 한다.

작업장 배치 원칙

- 공구, 재료, 제어장치 등은 작업자 가까이 둔다.
- 작업 시 가급적 물체의 관성, 중력, 기계동력 등을 이용한다.
- 운반에서 중력을 이용한 중력이송원리를 이용한다(미끄럼틀).
- 작업장의 조명을 적절하게 한다.
- 작업자세를 수시로 변경하기 쉽도록 작업대 높이와 의자높이를 임의로 조정할 수 있게 한다.

21) Gilbreth

7대 낭비와 개선	
낭비유형	적용 시스템
과잉생산 낭비	JIT, 소로트 생산
재고낭비	JIT, 소로트 생산
불량낭비	인변자동화, TQC, TQM
가공낭비	인변자동화, TQC, 현장설비개선
동작낭비	인변자동화, TQC, 작업표준
운반낭비	TQC, TQM, 현장설비개선
대기낭비	JIT, 표준작업

생각의 시간 : 7대 낭비

생활 속의 낭비 발견

4부
선박 기초

4부 선박 기초

36 선박 종류

<table>
<tr><td rowspan="4">상선</td><td>여객선</td><td>일반 여객선, 화객선, 연락선</td></tr>
<tr><td rowspan="3">화물선</td><td>일반 화물선 또는 잡화선</td></tr>
<tr><td>목재전용선, 광석전용선, 석탄전용선, 곡물전용선, 시멘트전용선, 유류전용선, 화학물전용선, 액화가스전용선,</td></tr>
<tr><td>컨테이너전용선, 자동차전용선 등</td></tr>
<tr><td rowspan="4">어선</td><td>어로선</td><td>포경선, 트롤어선, 다랑어 주낙어선, 자망 어선, 건착망 어선, 기선, 저인망 어선</td></tr>
<tr><td colspan="2">어획물 운반선</td></tr>
<tr><td colspan="2">공모선</td></tr>
<tr><td>특수어선</td><td>어업조사선, 어업지도선, 어업시험선 등</td></tr>
<tr><td>특수선</td><td colspan="2">실습선, 측량선, 준설선, 병원선, 해저 전선 부설선, 예인선, 소방선, 등대선 등</td></tr>
<tr><td>군 함</td><td colspan="2">항공모함, 순양함, 구축함, 호위함, 잠수함, 고속정 등</td></tr>
</table>

1. 일반 화물선

컨테이너선이 등장하기 전까지 많이 사용되었으며 현재는 재래선으로 구분하여 부르고 있다. 합판이나 철재류 등 컨테이너선에 적재하기 어려운 화물이나 아프리카 지역과 같이 컨테이너 하역시설을 갖추지 못한 지역의 항로에서 운항되고 있다. 따라서 운항의 기회가 점차 감소하는 경향이다.

2. 컨테이너선

비교적 신속한 운송이 요구되는 화물을 주로 취급하기 때문에 일반적으로 다른 선박에 비해 속도가 빠른 편이다. 하역시간을 단축하고 하역비용을 절감하기 위해 컨테이너에 화물을 미리 적재하고 이를 운송하는 것을 컨테이너선이라 한다. 하역능률이 높아 정박시간이 단축되어 수송원가가 절약된다는 이점이 있다.

컨테이너선의 크기는 20피트 컨테이너 화물량으로 표현하며, 예를 들면 20,000 TEU(Twenty-foot Equivalent Unit) 등으로 나타낸다. 컨테이너에는 이 외에도 40피트 등 다양한 크기가 있다. 컨테이너선은 세미컨테이너선(선창의 일부를 컨테이너 전용으로 만든 선박)이 있다. 또 컨테이너를 선박 또는 안벽에 장치한 크레인으로 들어서 싣는Lo-Lo(Lift-On, Lift-Off), 컨테이너를 실은 차량이 선박의 측면이나 선미에 설치한 현문을 통해 선내로 들여와 짐을 부리는Ro-Ro(Roll-On, Roll-Off), 화물을 적재한 배를 함께 싣는 LASH 방식 등으로 구분할 수 있다. 가격은 2,000억원 정도다.

3. 유조선

유조선은 화물창을 여러 개의 구획으로 나누고 각 구역마다 배관을 통해 원유나 석유제품을 저장하고 운반한다. 원유, 정제유, 화공품, 액화가스 등 액상화물을 Drum 등의 용기에 넣지 않고 선창 내에 직접 산적해 운송한다. 종류로는 원유운반선, 정제운반선, 화공품운반선, 가스운반선이 있다.

1983년부터 발효된 선박부터는 해양오염 방지를 위해 국제협약에 따라 화물탱크의 보호적 배치가 필수적이고 바닥과 외판의 구조가 바꿨다. 가격은 대략 700억원 이상이다.

4. LNG 선

LNG선은 천연에서 생산된 비석유계 액화 천연가스를 운반하는 선박으로, LNG의 주성분인 메탄이 90%이상 차지한다. 메탄의 비등점이 -162℃ 정도여서 건조공급이 매우 까다롭다. 이는 고압과 극저온 상태에선 일반 금속의 깨어지는 성질 때문이며, 저온 유지를 위한 냉동장치와 보온설비가 필수적이다. 가격은 약 2,500억원 정도다.

5. LPG 선

LPG선은 프로판가스와 부탄가스로 구성된 액화 가스를 운반하기 위한 선박으로 액화하는 방법에 따라 가압식과 저온식이 있다.

6. 벌크선

곡물이나 광석 등 별도의 포장 없이 운송하는 선박으로 하층의 화물이 짓눌리지 않도록 중갑판을 설치하나 이와 구분하여 **살물선**은 칸막이를 하지 않는다. 항해 중 화물이 쏠리지 않도록 톱사이드 탱크 및 호퍼탱크 등을 마련한다. 가격은 약 280억원 이상이다.

7. 로로선

자체 이동 능력을 지니고 있는 화물 예를 들어, 자동차를 수송하거나 컨테이너 화물을 트럭이나 트레일러와 같은 다른 운반기기에 실어서 이들 모두를 운송하는 선박이다. 가격은 800억원 정도다.

8. 드릴십

해상플랫폼 설치가 불가능한 심해 유전이나 파도가 극심한 해상의 원유 또는 가스를 시추할 수 있는 선박으로 시추설비에 해당한다. 드릴십은 선박 기동성과 심해 시추능력을 겸한 조선선박과 해양플랜트 기술이 복합적으로 적용된 선박이다. 가격은 약 6,000억 원 정도다.

9. FPSO(Floating Production Storage Off-loading)

부유식 원유생산 저장 및 하역 설비를 의미하는 FPSO선박은 화물을 운송 목적으로 하는 일반적인 선박과는 달리, 해상의 일정지역에 머물며 해저에서 원유를 뽑아 올려 정유 제품을 생산한 후 다른 선박에 이송하는 능력을 지니고 있다. 최첨단 과학이 결집한 해상복합 구조물이며, 고부가가치선에 해당한다. FPSO 중에는 자체에 기관을 장착하여 항해능력을 갖춘 것과 예인선에 의해 이동되는 것 등이 있다. 가격은 약 1조 이상이다.

10. 여객선

일명 크루즈 선으로 불리며 1,000명 이상 대단위 승객을 태우고 하루 이상을 운항하는 선박이다. 이에는 많은 객실과 층 사이를 편리하게 이동할 수 있는 엘리베이터가 준비되어 있고, 극장, 수영장, 테니스 코트, 기타 오락시설 등이 갖춰져 있다. 육지의 호텔과 같은 구조가 많아 해상호텔로 불리기도 한다. 호화 여객선의 건조는 매우 까다롭고 우수한 기술력을 필요하기 때문에 고부가가치선에 해당한다.

11. 쇄빙선

북극이나 남극지역과 같은 곳을 운항할 수 있도록 얼음을 파괴하여 선로를 열어주는 선박이다. 일반적으로 항해가 불가능한 결빙 해역에서 항로를 개척해 줌으로써 다른 화물선 등이 운항할 수 있게 한다.

12. 항공모함

군사용 함정으로 항공기의 전투반경을 극복하기 위해 원거리 작전을 수행하는 전략 함정이다.

13. PIPE LAYER

시추선에서 필요한 Pipe 등 부재를 운반하거나 정비를 돕는다.

14. PSV(Platform Supply Vessels 해양작업지원선)

해양에서 필요한 다목적의 작업을 지원하는 선박이다.

15. 잠수함

수면 아래로 잠수할 수 있도록 건조된 선박으로 군사용, 해저 개발 및 관광용 등이 있다.

16. 바지선(Barge)

플랜트 등 대형 구조물을 운반할 때 사용되는 구조물이다.

37 선박 구조

대형 선박은 그 길이가 500M[22]에 이르고 몇 개월 또는 그 이상의 기간을 독립적으로 항해할 수 있으며 항해하는 동안 모든 편리를 제공하는 설비를 갖춘 것이다. 이런 경우라면 육상의 빌딩이 지니는 각종 시설물 이상의 것을 필요로 하며 많은 작업과정을 통해 건조된다.

선박은 일반적으로 다음과 같이 3구역으로 이뤄진다.

선박의 일반적 구조

- 거주구(ACCOMMODATION/SUPERSTRUCTURE/DECK HOUSE)
- 엔진룸(ENGINE ROOM)
- 화물창(CARGO HOLD)

1. 거주구(Accommodation)

거주구는 일반적으로 **선실**이라고 하고 선원들이 일정기간동안 생활하고 의식주를 해결해 주며, 선박의 운행을 조절하는 등 다양한 기능을 지닌 구역이다. 따라서 해당 규정은 매우 까다롭다.

대부분은 화재에 강한 자재를 사용해야 하며 화재가 발생할지라도 연기를 적게 발생시키는 특수 소재로 만들어진다.

IMO(국재해사기구)[23]에서는 선박 및 항만시설보안과 관련하여 ISPS 코드(The International Ship and Port facility Security Code : 보안위험성평가, 선박 및 항만시설 보안수준의 결정, 보안 적용범위 결정, 보안대응 절차수립 등)를 시행해 500톤 이상의 선박은 통신안전장치로 **SSAS**(선박안전경보장치 : Ship Security Alert

22) 컨테이너선 20,000TEU
23) International Maritime Organization : www.imo.org

System)와 **AIS**(선박자동식별장치 : Automatic Identification System)를 의무적으로 설치하도록 하고 있다.

선실은 선박의 그 어느 곳보다 선주측의 관심이 높아 소홀할 수 없다. 그런 이유로 선체의 대부분이 블록작업을 통해 분화된 생산으로 진행되는 것에 반해, 선실부분만큼은 전담하는 방식으로 생산된다. 이는 선원들의 동선을 고려하여 공간을 배치하므로 오랫동안의 항해에서 지루하거나 피로하지 않도록 하려는 것이다.

거주구에 설치되는 주요장비는 다음과 같다.

AHU(Air Handling Unit) : 냉난방용 에어컨 시스템
GALLEY : 각종 조리기구의 주방시설
BCC(Bridge Control Console) : 운항용 제어장비의 CONSOLE

운항장비에는 조타장비, 적하역장비, 계선계류장비, 항해통신장비 등이 있다. **조타장비**는 배를 원하는 방향으로 움직이게 하는 장비인 타(RUDDER)가 있으며, 소형보트의 경우는 프로펠러 자체를 원하는 방향으로 돌려 배를 조종하는 방향조정 프로펠러를 사용하기도 한다. 특히 거대한 선박이나 여객선 등 섬세한 방향조정이 필요한 경우 Bow Thruster를 양편에 설치하는 경우도 있다.

거주구는 **조타실**(WHEEL HOUSE)과 **기관실**(ENGINE ROOM)을 고려해 배치한다.

조타실은 전방시야를 고려한다면 가능한 한 선박의 앞부분에 설치하는 것이 좋겠지만, 선수부분은 상하운동이 심하여 업무를 진행하기 어렵고 피로도가 커 뒤쪽에 설치하는 것이 유리하다. 또 조타실은 기관실과 가까운 곳에 있는 것이 유리하다[24]. **기관실**(Engine Room)은 프로펠러가 있는 선박의 뒤편에 위치하므로, 일반상선의 조타실은 이와 가까이 두는 것이 좋아 배 뒤편 가장 높은 곳에 위치한다.

조타실에는 각종 항해, 통신, 조타장비가 있어 주기관(Main Engine)을 비롯한 각종 작업장비와 상태를 감시하고 조정할 수 있다.

24) 엔진룸을 제어하기 쉽고 설비 절감

따라서 일반상선에서 조타실과 기관실 그리고 선원들의 거주공간이 되는 거주구는 배의 뒷부분에 위치하고, 기타업무 공간과 취사, 휴식, 취침을 위한 공간은 일반적으로 조타실 아래에 위치하며 또 그 아래에는 기관실이 있는 구조다.

2. 엔진룸(ENGINE ROOM)

엔진룸에는 선박의 이동을 추진하는 장비인 엔진과, 기름이나 기타 액체 등을 이동시키는 각종 펌프 그리고 선박에 필요한 전원을 공급하기 위한 발전기(Generator), 전기를 배전하는 장비인 MSBD(주배전반), 보일러 및 엔진에서 발생하는 연기를 배출하는 구역인 E/R CASING(주로 비상발전실과 병행) 등이 있다.

엔진(주기관)은 주로 디젤기관이나 증기터빈, 가스터빈(고속 군함용)이 사용되고 있으며 프로펠러 샤프트를 통해서 동력을 전달한다.

주기관의 위치에 따라 중앙기관선 또는 선미기관선으로 나눈다. **중앙기관선**은 무거운 기관이 중앙에 있기 때문에 흘수의 조절에는 편리하나 프로펠러 샤프트가 길게 되고, **선교**[25)]가 배의 중앙에 있기 때문에 항해를 위한 조정은 쉽다. 이와는 달리 **선미기관선**의 주기관은 뒤쪽에 있다.

화물선의 경우, 중앙기관이 많으며 탱커선 등 많은 선박에서는 선미기관을 사용한다. 이는 굴뚝에서 나오는 불꽃이 탱크 위에 떨어져 폭발하지 않도록 하려는 설계상의 이유에 있다.

선박의 주기관은 가장 밑바닥 층에 설치한다. 그러므로 주변 환경이 열악하고 설치 공간도 제한적이다. 주기관은 일단 설치하고 나면 배의 수명이 다할 때까지 교체가 불가능하다. 이 같은 특징에 따라 선박용 기관은 고장률이 낮고 수명이 길어야 하며, 기본구조는 육상용 기관과 동일하지만 급격한 속도변화는 물론 정비에 필요한 여유 공간이 협소한 까닭에 간결한 구조라야 한다.

엔진룸에는 프로펠러를 회전시키는 주기관 이외에도 증기, 압축공기, 유압, 증류수 등 다양한 에너지원을 만들어 주는 **보조기관**이 필요하다. 그리고 연료, 윤활유, 냉각수 등의 **순환장치**와 **세정장치** 및 **열교환기** 등도 필요하다.

---

25) bridge : 선박을 전체 지휘할 수 있는 공간(군함의 선교 : 함교)

선박은 프로펠러가 정지해 있을 때는 옆으로 움직일 수 없으므로 항구에 접안하는 경우 등에서 다른 배가 옆에서 밀어 원하는 방향으로 이동시킨다. 이런 역할을 하는 배를 **예인선**(TUG BOAT)이라고 한다.

단, 특별한 용도의 배는 방향을 자유자재로 바꿀 수 있는 추진장치를 장착하기도 한다. 이 경우 선박의 앞(또는 뒤)에 좌우방향으로만 작용하는 **보조추진장치**(BOW THRUST)를 설치하기도 한다.

주기관을 제외한 보조기관에는 전기가 필요하다. 이들 보조기관과 배 안팎의 조명, 통신설비 등에 전기를 공급하기 위해서는 발전기와 함께 전기배선이 필수적이다.

대형 선박의 경우, 필요한 전선의 총길이는 **100KM 이상**이나 되며 특히, LNG선과 같이 구조가 복잡한 선박에서는 **수백KM**로 많은 전선이 필요하다. 이 같은 전기장비들 중, 전선은 통신선이나 배관과는 가능한 한 거리를 두고 설치해야 하고, 선박을 건조한 후 설치하는 것이 아니라 블록을 만들 때부터 함께 조립하므로 설계와 시공 단계에서 많은 주의가 필요하다.

3. 화물창(CARGO HOLD)

화물창 구역에는 ANCHOR를 올리고 내리기 위한 WINDLASS(양묘기)[26]와, 선박을 정박할 때 밧줄을 풀고 당기는 장비인 WINCH(Mooring Winch)가 있다.

더불어 프로펠러를 이용하여 좌우로 이동이 가능하도록 하는 장비인 BOW THRUSTER와 선박이 해양에 있을 때 선박탑승 또는 하승을 돕는 LADDER가 있으며, 선박의 항로를 변경하는 장비인 RUDDER를 제어하는 조타기 구역 등으로 구성된다.

적하역장비는 선박에 화물을 싣고 내리는 장비다. 선박으로 운반하는 화물로는 석탄, 곡물 등의 건화물과, 원유, 액화가스 등 액체화물 그리고 자동차, 동물 및 컨테이너 화물 등으로 나눌 수 있다.

화물을 적하역하는 장비로는 **기중기**(Crane)와 **펌프**(Pump)가 있으며, 선종 혹은 화

26) 닻을 감아 올리고 내리는 데 사용하는 특수한 윈치. 보통 뱃머리갑판 위에 있으나 특수한 배는 선미에 설치하는 경우도 있다. 앵커케이블을 감는 체인풀리와 브레이크가 주요한 부분이다.

물의 내용에 따라 선택해 설치한다. 컨테이너선의 경우에는 전용항구의 전용크레인을 이용하므로 적하역 작업을 쉽고 신속하게 진행할 수 있다.

선박의 화물창 위에는 짐을 보호하기 위해 **창구덮개**(Hatch Cover)를 설치하는데, 컨테이너선은 선박의 몸체인 화물창 내부에서부터 컨테이너를 이어 싣고 Hatch Cover로 갑판을 덮은 후 그 위에 추가로 쌓기도 한다.

물건을 적하역하려면 선박을 항구 안벽에 접안시키고 묶어 두거나, 접안순서를 기다리며 항만 내외에서 대기해야 하는데 이때 필요한 장비가 **계선계류장비**(Mooring Equipments)다.

선박을 항구 안벽에 나란히 접안하고 줄로 묶어놓은 것을 **계선**이라고 한다. 계선에 사용되는 장비로는 배 위에 설치한 BOLLARD와 함께 줄이 잘 풀리거나 감기게 도와주는 ROLLER FAIR 및 WINCH 등이 있다.

4. 기타

선박을 고정시키는 방법으로 **계선**과 더불어 **앵커**(ANCHOR)가 있다. 계선은 선박을 육지부에 고정하는 밧줄 등의 시스템이다. 앵커는 물밑으로 내려져 해저에 걸리게 하여 선박을 고정시키는 계류기능을 한다.

앵커의 크기는 선박의 크기에 따라 결정되는데, 재화중량톤수 15만TON 선박인 경우 앵커의 무게는 약 15TON에 달한다.

선체는 조류나 바람의 힘으로 평소에도 고정되지 못한다. 따라서 선박의 배수량, 수면상부의 종횡면적은 움직임에 영향을 미치는데, 선박이 커질수록 선박을 움직이려는 힘도 증가한다. 이 힘을 버틸 수 있는 앵커와 앵커체인(Anchor Chain)의 무게 등은 일정한 공식에 따라 구할 수 있다.

앵커를 바다 속으로 투하하면 자체의 무게와 다소 움직이는 선박의 속도에 의해 해저로 깊이 파고들어가 조류나 바람에 대한 저항력을 만든다. 이때 앵커의 자체 무게뿐만 아니라 앵커에 연결된 체인도 함께 해저의 펄이나 모래 속에 묻혀 저항력을 발휘한다. 이와 같이 앵커와 체인이 배가 움직이려는 힘에 대항하는 저항력을 **파주력**(Holding Power)이라고 한다. 이 파주력을 높이기 위한 앵커모양 등에 대한 여러 연구가 진행 중이다.

앵커체인은 앵커에 연결되어 해저에 내려진 후, 앵커와 함께 파주력을 구성하는 중요한 역할을 한다.

일반 선박에서는 양현 각각 10~13 **샤클(Shackle:연결용)**[27] 정도를 장착하고 있다. 각 샤클(AS)의 길이는 한쪽 끝에 있는 링크의 내측 외단에서부터 다른 쪽 끝에 있는 링크의 내측 외단까지의 길이(27.5m)를 의미하고, 각 샤클 끝단에는 주로 켄터 샤클(KS : Kenter Shackle)을 연결하여 길이를 구분한다. 또 2 샤클의 무게는 앵커 무게와 유사하다.

수심이 깊은 곳에서는 앵커뿐만 아니라 앵커체인의 상당 부분까지 바닥에 끌리게 해야 하므로 앵커체인은 충분히 길어야 한다. 큰 배의 경우 좌우 두 체인의 길이는 500~700미터 정도가 된다. 배 위에는 앵커를 내리거나 올릴 때 걸림이 없도록 하기 위한 **미끄럼관**과 **양묘기**(WINDLASS), 배의 닻을 감아올리고 풀어 내리는 장치를 한 기계 그리고 앵커체인 저장고(Chain Store)를 설치한다.

한편, 선체를 세 부분으로 나눌 때 **선수(이물)**와 **선미(고물)**는 대부분 좁은 편이고, **중앙부**는 넓으며 거의 사각형에 가까운 단면을 지니고 있다.

선체구조는 강도를 충분히 고려하여 격벽으로 구획을 만들어 어느 한 구역이 침수하더라도 침몰하지 않도록 하고 있으며, 선체의장에서는 안전을 위해 구명정, 구명대, 구명뗏목 등을 준비하고, 다른 선박이나 육상과의 통신을 위해 무선통신설비를 갖추는 등 다양한 구성으로 이뤄진다.

선박의 상태를 검사하기 위한 **선급협회**가 있으며 영국 **로이드**(Lloyd) 등이 중심이고, 선주의 요구에 따라 선박에 선급을 부여한다.

또, 선급과 더불어 선박안전을 지키기 위한 **법률**이 있어 선급협회나 해당 관청은 이를 따라 정기적으로 검사한다.

---

27) 1 샤클 길이 : KR(한국선급), 미.영 27.5m(15 fathom). 1FATHOM = 1.83M

38 선박 건조 과정

조선 산업에서의 선박은 대형으로 수주에 의해 진행되는 특징을 지닌다. 따라서 선박의 건조과정은 선박계약에 의해 진행된다.

1. 건조 계획 수립 및 건조업체 선정

선박수주의 과정은 먼저 선주가 자신이 희망하는 선박의 **건조의사**를 각 조선사들에게 알린다. 이를 인지한 조선사들은 **견적서**를 제시하고 선주는 흥미를 보이는 조선사를 결정하여 **초기수주협의**를 진행한다.

이 초기협의에 따라 **가계약**을 채결한 후, Spec.(사양서 : 발전기 대수, 탱크용량 등)를 협의하여 작성하고 **본계약**을 채결한다.

건조계획은 선박을 주문하는 선주 쪽의 비중과 영향력이 크다. 선박건조 계획을 수립하고 건조업체에 수주를 낸다.

이 때 선주는 필요한 선박의 용도와 기본적인 사양(SPEC. : Specification) 등을 조선소에 통지한다.

선주의 사양

1. 선박 종류 : 화물선, 유조선, LNG선, 여객선, 해양플랜트 등
2. 구체적인 내용
   - 살물선의 경우 철광석인지 석탄 등 화물내용
   - 해양플랜트의 경우 탐사할 유전 장소와 특수한 환경
3. 주요 운항구역
   - 세계 전역
   - 특정 지역이나 항로만 운항
4. 선박의 크기와 톤수
5. 선박의 속력과 항속거리
6. 기타 사항

   조선소 관계자들과 협의하여 건조할 최종적 선박 형태 결정

2. 설계

설계는 매우 중요한 과정으로 건조 기술이 뛰어난 조선소라 해도 설계도면이 잘못 작성되면 선박건조과정에 심각한 문제가 발생하며 제대로 만들어져도 곳곳에 다양한 문제가 속출한다.

건조계획 시 수립된 사항을 바탕으로 내구성 또는 속력 등 어떤 점에 중점을 둘 것인가에 따라 설계한다.

설계도면은 여러 종류가 있다. 선박 전체의 레이아웃을 나타낸 **기본도면**에서부터, 선박의 각 구역별로 세밀한 형태를 나타내는 **상세도면** 그리고 선박의 각종 의장품이나 탑재될 각종 장비에 대한 배치를 그려놓은 **배치도면**, 선박 안의 각종 전선의 흐름을 그려놓은 **전장도면**, 배관의 흐름을 나타낸 **배관도면** 등이 있다.

설계도면 작성은 일반적으로 **6개월에서 1년 정도의 기간이 소모**된다. 또 설계도면에 따라 선박의 축소 모형을 만들어 시험 수조에서 선형 시험을 하며 선체에 닿는 유체저항 등 다양한 실험을 통해 선체의 적절한 모양과 기관의 출력 등을 결정한다.

의장설계 부문			
기장설계	**선장설계**	**선실설계**	**전장설계**
기장배관 기장철의	선장배관 선장철의	선실배관 선실철의 선실목의	DIAGRAM 전장배치(GA) CABLE배치

① 영업설계

견적서를 작성하고 계약을 채결하기 위한 Spec. 작성용

② 개념설계

화물 종류와 적재능력, 크기, 선속, 선체구조강도 및 예상항로 등

③ 기본설계(기능설계)

각종 장비배치, 배관계통도, 전기장치배치도, 전선계통도, 갑판장비 배치, 항해장비, 거주설비 등

④ 구조설계

선박의 뼈대를 작성하는 과정

⑤ 구조 상세설계

⑥ 의장설계

기장설계, 선실설계, 선장설계, 전장설계

⑦ 상세설계

생산에 요구되는 원자재의 수량 산출, 자재 발주현황, 생산설계에 필요한 장비공급 등

⑧ 생산설계

선체선도, 가공도, 조립도, 공정순서, 생산방법, 부재연결과 치수 등을 나타낸 공작도, 각종 장비부착을 위한 상세도 등

3. 자재 구입

설계도면이 완성될 무렵부터 선박건조에 필요한 자재를 구입한다. 건조 전부터 모든 자재를 구입하는 것은 아니며 기초공정에 필요한 철판과 같은 기본 자재부터 구입 하고, 선박건조 진척에 따라 필요한 자재를 구입해 간다.

건조공정이 거의 마무리 시점에서도 작업에 필요한 자재는 계속 구입되어야 한다.

4. 블록 조립

거대한 선박은 수십~수백 개의 단위별 블록으로 조각을 내어 건조하고 각 블록들을 조립하여 붙이며 선형을 완성한다.

이 과정은 **소조립 → 중조립 → 대조립** 순으로 이어지며 블록이 만들어진다.

블록건조는 설계도면을 토대로 컴퓨터 시스템과 연동된 용접 및 절단 자동화기기를 통해 정밀하게 철판을 자르고 붙이는 가공과정을 거쳐 서서히 완성한다.

블록조립 과정을 거치면 **트랜스포터**(Heavy Lift Transporter)를 통해 조립공장에서 본격적인 선박건조를 위해 이동시킨다.

선박의 **건조과정**은 계약(수주확정) 후, Spec.에 따른 강재, 엔진, 전기용품 그리고 기타부품의 재료를 구입하고, 블록제작을 위해 마킹한 후 S/C(Steel Cutting)로 이어져 절단하거나 굽히는 **가공**과 **용접**을 통해 구조물을 만들기 시작한다. 비교적 작은 구조물은 **조립**을 통해 블록을 제작하고 블록 내 **선행의장**(철구조물 설치)을 한 후, **선행도장**을 한다.

블록이 제작(**소조립, 중조립, 대조립**)을 통해 선체가공 및 조립이 되면, **선행탑재**(PE)가 이어지고 PE에서 만들어진 대형블록들은 **도크**에서 최종 연결하게 된다. 이를 **탑재**라 하며 탑재를 통해 배의 완성도는 높아져 선박의 형태가 완전히 드러난다.

블록은 D(데크)블록[28], E(엔진)블록, B(일반·보통)블록, L(론지)블록, F(선수)블록, A(선미)블록 S(외판)블록 등으로 구분한다.

5. 선행의장

선행과정은 조선소마다 독특한 공정과정을 지니고 있다.

---

28) A데크 : 2층부에 해당하며 주방 식당 등이 설치
B데크 : 3층부의 선실 엘리베이터 등 설치
C데크 : 4층부의 선원방 회의실 Cargo Control Room 등 설치
D데크 : 5층부로 선장 고급선원 방 설치
N/B데크 : Weel House로 항해통신장비 조타실 설치
UPP데크 : 1층부로 E/R 구역

선행공정 과정에서 행하는 작업은 블록 안에 들어갈 배관과 전로 등의 기초적인 구조물을 설치하는 작업이 주류를 이룬다.

블록조립 공정에서 갓 출고된 블록은 단순히 철판으로 구성된 박스와 같고 이에 필요한 부분을 추가하기 위해 조선소 야드 내 별도의 공간(Stage)나 선행공장에서 작업을 실시한다.

선행공정에서의 작업자는 블록 내에, 주어진 설계도면에 따라 곳곳에 추가할 작업을 수행한다. 이 과정은 사수인 기량공(갑)과 조공(부사수, 을)인 비교적 초보자가 한 조가 되어 작업을 수행한다. 따라서 초보공인 경우에도 작업이 가능하다.

선행과정은 설계도면에 따라 블록 안에 기초적인 기계 장비와 각종 의장품, 기초 배관, 전장품(전로 등)을 설치하는 과정이고, 후속공정에서 추가 작업을 위한 덕트 등 기반시설물을 블록 안에 만드는 과정이다.

선행 작업이 끝나면 블록은 다음 공정을 위해 다시 이동한다.

6. PE(선행탑재)

선행에서 작업이 완료된 블록은 PE[29] 공정이 진행되는 곳으로 이동한다. PE는 선박건조의 중간과정으로 최후 작업이 진행될 도크 근처로 이동하여 많은 작업을 추가한다.

PE에서는 선행공정에서 완성된 블록 몇 개를 이어 붙여서 대 블록을 만든다. 이때 다른 곳에서 제작된 블록들은 규격의 차이가 발생하여 수정이 필요하다.

따라서 PE **공정**에서는 블록과 블록을 연결하기 위해 의장품을 조정하고 연결된 블록끼리 서로 이어질 각종 덕트, 배관, 전장품의 기초를 미리 설치·보수하여 선박에 탑재될 각종 장비들 중 일부를 미리 탑재시킨다.

블록 연결은 트랜스포터로부터 내린 블록을 함께 조립할 블록 쪽으로 옮기고 용접을 통해 대 블록을 만들며 때로는 골리앗크레인을 이용하여 블록을 상하로 잇기도 한다.

29) Pre-Erection : 탑재할 블록을 대형화하는 과정

골리앗을 통해 블록을 다른 블록 위에 두는 과정을 '**탑재**(Erection)'라 한다.

이런 과정을 반복하여 대 블록이 완성되면 마지막 공정을 위해 다시 이동시킨다.

7. 후행의장

후행은 흔히 선박건조의 꽃으로 불리는 대 블록들을 합체하는 과정이다. 이제 서서히 선박의 형태가 나타나고 현장은 매우 바쁘게 작업들이 진행된다.

블록들이 탑재되어 감에 따라 밀폐공간도 많아지며 거대한 선체 내에서는 다양한 작업으로 종합적인 과정들이 진행된다. 이 상황에서 거대한 블록이 계속 탑재되고 장비 등도 탑재되며 선체 내부는 복잡한 미로가 형성된다. 무엇보다 안전사고에 대한 주의는 필요한 시점이다.

차츰 선박은 완성도를 높아가고 곧 있을 진수를 위해 선박의 곳곳을 청소한다.

이러는 동안 선박은 거의 완성되어 **진수**과정에 들어간다.

8. 도장

외판의 경우 5~7회의 도장이 필요하며, 그 외 부분은 3~4회의 도장을 실행한다. 도장은 매 회가 끝나면 일정시간 건조(Dry Time)를 한다.

9. 진수

완성된 배를 물 위로 처음 띄우는 과정을 진수과정이라고 한다. 진수는 일반적으로 도크의 수문을 열고 바닷물을 끌어들인 뒤 배를 띄우는 것으로, **육상 도크** 이외에도 **플로팅 도크**라고 불리는 거대한 바지선 위에서 후행공정을 완료한 후 플로팅 도크를 반쯤 가라앉혀 선박을 진수하기도 한다.

몇 십년 전에는 육상에서 배를 건조한 뒤 레일로 밀어내는 작업을 통해 진수하였지만 공간을 많이 차지하는 등 비효율적이어서 현재는 거의 시행하지 않는 공법이다.

진수된 선박은 안벽으로 이동하여 선박의 완성도를 높이는 나머지 의장이 모두 설치된다. 그러나 진수로 선박건조 공정이 종료되는 게 아니다. 이 과정에서도 선주의 추가 주문요구가 발생하기도 한다.

선박의 진수에는 선박 명명식을 갖기도 하며 선주가 직접 선박의 이름을 짓고 샴페인 병을 선체에 던져서 깨트리는 것으로 확정된다.

10. 마무리 의장작업

진수된 선박은 안벽으로 이동하여 미흡한 나머지 의장작업을 하는데, 이때의 의장은 선박 브릿지, 앵커, 윈드라스 등 운항에 필요한 물품과 계단, 문, 조명, 선실의 창문, 선원용 침대 등 승무원들의 생활에 필요한 기초 물품 등이 해당된다.

11. 시운전

진수 후 완성도가 마무리된 선박은 일정기간에 걸쳐 시운전을 한다. 시운전 과정에서 발생한 문제를 해결하기 위해 도크로 다시 들어오거나 안벽에 정박해 문제를 해결한다. 각종 성능시험, 안벽 및 해상시운전을 1.5개월 정도 진행한다.

12. 인도

시운전 과정을 거친 선박은 본연의 직무에 투입될 정도로 완성도가 높아진다. 이제 선박을 주문한 선주에게 인도하고 소유가 넘어간다. 그리고 선주의 필요한 업무를 수행하기 위해 조선소를 떠나며 건조과정은 종료된다.

인도 이전까지의 선박은 조선소의 소유다.

일반적으로 선박은 인도 후, 약 1년간 **사후관리(AS)**를 무상으로 지원한다.

39 선박 톤수

선박의 톤수(Tonnage Definition)는 배의 크기를 나타내는 기준으로 용적으로 표시되는 총톤수(GT), 순톤수(NT), 운하톤수(Canal Tonnage)와, 중량으로 표시되는 배수량(Displacement), 재화중량(DWT) 등이 있다. 군함의 경우는 배수량만 사용하며 화물선에는 총톤수와 재화중량을 적용하고, 유조선은 재화중량을 주로 사용한다.

① DWT(Dead-Weight Tonnage 재화중량)

선박이 적재할 수 있는 화물의 중량으로 순수 화물의 중량 및 운항에 필요한 연료, 청수, 식량 등을 포함한 중량이다.

② GT(Gross Tonnage 총톤수)

선박의 폐위된 모든 공간의 체적을 나타낸 용적 톤수로 1GT는 100 ft^3 또는 2.83m^3이다.

③ NT(Net Tonnage 순톤수)

총톤수에서 기관실, 선실, ballast tank 등 선박의 운항에 필요한 공간의 용적을 뺀 톤수로서 주로 화물을 적재할 수 있는 공간의 용적으로 나타낸다.

④ CGRT(Compensated Gross Tonnage 환산톤수)

선종 및 선형의 난이도에 따라 공사량을 동일 지표로 평가하기 위한 방법으로 총톤수에 환산 계수를 곱해 산출된 톤수로서 평가 방법에 따라 달라진다.

⑤ DT(Displacement Tonnage 배수톤수)

수선하부의 선박의 체적에 해당하는 물의 무게(부력)와 같은 톤수로서 DWT에 선박 자체의 무게인 LIGHT WEIGHT를 합한 것과 같다.

⑥ LWT(Light Weight 경하 중량)

선박의 자체중량으로 선체 중량, 주기관, 각종 장비 및 비품의 무게를 합한 것이다.

⑦ CGT(Compensated Gross Tonnage 표준화물선 환산톤수)

선종 및 선형의 난이도에 따라 건조과정에서 공사량을 동일 지표로 환산하여 평가하는 방법으로 총톤수에 환산계수를 곱해 산출한 톤수다. 이전에는 CRGT를 사용하였으나 지금은 CGT를 기준으로 평가한다.

예를 들어 기준선인 1만GT 일반화물선의 CGT계수는 1.0으로 1만 CGT가 되지만, 20만 GT의 VLCC(초대형 원유운반선)의 경우 CGT계수가 0.3이기 때문에 6만 CGT가 된다.

40 선박 용어

1. 선박 건조 과정

수주 ⇨ 설계
⇨ 재료구입
⇨ 강재커팅(마킹→절단→굽힘가공)
⇨ 블록조립(소조립→중조립→대조립)
⇨ 탑재(선행탑재→도크탑재)
⇨ 용접(마무리 용접)
⇨ 도장
⇨ 진수(외형 마무리)
⇨ 의장(마무리의장)
⇨ 시운전 ⇨ 인도

2. 선주(OWER)

선박의 법적인 소유자 즉 선박의 주인이다. 이들에 의해 선박의 수주가 발생한다.

3. 선주 감독관(OWER)

선박거조 시 관리·감독을 하는 사람이며, 선주가 직접 고용한다.

4. 선급(CLASS)

선박의 구조 및 설비 등에 대한 검사를 통해 선박의 안전을 검증하는 단체다.

5. 선급감독관(CLASS)

선박건조 시 검사를 담당하는 기능을 한다.

6. 용접

선박의 건조는 주로 강재(철판)나 스테인리스 합금 등을 사용하며, 용접은 이러한 재료들에 열이나 압력을 가해서 접합한다. CO_2 아크 용접, TIG 용접[30], 서브머지드 아크 용접[31](자동용접) 등이 있다. 한편, 용접한 거친 면은 사상으로 매끄럽게 다듬는다.

7. 취부

선체조립은 처음부터 순서적으로 건조해 가는 것이 아닌, 블록별로 생산한 후 모아 가는 과정으로 진행된다. 이에 따라 건조공정은 강판의 절단, 가공을 수행하고, 이들을 다시 소조립, 중조립, 대조립, 탑재 등의 공정순서에 의해서 진행한다.

각 작업 공정에서 부재(구조물의 뼈대를 형성하는 재료)를 도면에 맞추어 정해진 위치에 취부한 후, 본 용접작업으로 이어진다. 취부는 본 용접 전에 이루어지는 부재를 정 위치에 설치하는 것을 의미한다.

8. 도장

선박은 해수에 장시간 노출되며 염분으로 부식이 발생한다. 선박 내·외부에 발생하는 부식방지를 위해 각종 표면처리 작업과 페인트를 칠하는 과정을 도장공정이라고 한다.

도장의 횟수는 외판의 경우 5~7회(추가 특수도장 1~2회, 그 외 부분 3~4회)를 수행하고, 1회 시 마다 Dry Time를 둔다.

9. 파워

도장작업 전에 이물질이나 표면을 다듬기 위해 행하는 표면처리 방법 중의 하나로, 그라인더를 이용하여 철판표면의 녹이나 불순물을 제거하는 과정이다.

---

30) Tungsten Inert-Gas arc welding. 이너트 가스 아크용접의 일종. 텅스텐 기타 소모되기 어려운 금속을 전극으로 용접

31) submerged arc welding. 이음표면에 쌓아 올린 미세한 입상의 플럭스 속에 비피복 전극 와이어를 넣고 모재와의 사이에 생기는 아크열로 용접

10. 터치업

도장 후에 이루어지는 취부, 용접 등의 화기작업으로 손상된 도장 부위를 롤러나 붓 등으로 덧칠하는 공정이다.

11. 족장

높은 곳에서 이루어지는 작업을 위해 보조발판을 만드는 과정이다.

12. 마킹

철판에 도면을 그리는 작업으로, **정도**는 블록의 광파기 혹은 레벨기로 측정하는 것으로 정도를 병행하는 마킹사가 인정을 받는다.

13. 절단

조선소에서 사용하는 강판이나 스테인리스 합금강판 등을 도면에서 요구하는 부재로 플라즈마 절단(전기에너지를 이용한 절단방식으로 비철이나 강관 등)이나 가스 절단장비를 이용하여 자동 또는 수동으로 부재를 자르는 공정이다. 조립을 위해 철판을 준비하는 단계를 **배재**[32]라고 한다.

14. 절곡(굽힘가공)

부재의 모양을 휘거나 일정한 각도로 꺾는 것으로 곡가공(곡선으로 만듦)을 하거나 프레스 가공하는 작업으로 진행되며, 선수, 선미부 블록에 많이 적용된다. 이를 위해 냉간가공(번딩롤러, 유압프레스), 가열선형가공, 부분가열방법 등을 이용한다.

15. 곡직

선박의 선체를 이루는 부재 중 불규칙한 곡선으로 휘어지는 부재를 가스를 이용

32) 선각배재 : 배의 외판을 만들기 위한 철판을 가져오는 것

한 선상가열 등으로 도면에서 요구하는 치수대로 다시 펴는 가공 작업이다. 불과 물을 동시에 사용하기도 하며 이때는 **물직**이라고도 한다.(용접 열로 뭉쳐진 울룩불룩한 것을 다시 열로 펴주는 과정)

16. 의장

선체를 제외한 나머지 장비의 설치 및 꾸미기 작업으로 배의 형태가 완성될 무렵부터 진행된다.

17. 기장(기관의장)

선박의 기관부에 배치되는 주기관, 보조기관, 발전기 등의 각종 기기 및 관을 설치하는 작업으로 이러한 기관이나 기기들에 들어가는 배관의 설치가 중심작업이다.

18. 선장(선체의장)

기관부와 선실을 제외한 모든 기기의 설치 및 배관의 시공과정을 의미한다.

19. 선실의장

선실내부 및 조타실 등의 작업과정이다.

20. 전장(전기의장)

선박에 사용되는 각종 전기, 전자장비의 설치와 이들을 원활하게 운용하기 위하여 배선 및 결선하는 작업과정이다.

21. 결선

선박 전기시스템에 맞추어 전기장치를 설치하고 전선을 연결하는 과정이다.

22. 배선(Pulling)

각종 전기 및 전자 장비들의 원활한 운용을 위하여 각종 전선으로 서로 연결하는 것으로, 전선 포설이나 케이블 트레이 설치 등의 작업이 진행된다.

전장의장은 블록탑재 전의 선행의장(전로설치, 케이블 포설)과, 블록탑재 후의 후행의장(전로설치 마무리, 후행 케이블 포설, 전장품 설치, 장비에 케이블 결선 등)이 있다.

23. 제관

선박에 들어가는 배관계통의 각종 부재들을 도면 요구 치수대로 가공하거나 조립하는 작업과정이다.

24. KEY EVENT

① S/C : Steel Cutting로 첫 번째 철판을 절단하는 시점

② K/L : Keel Laying으로 P·E 블록의 탑재 시점

③ L/C : Launching로 진수 시점

④ D/L : Delivery로 선박을 선주에게 인도하는 시점

색 인

조선산업 TPS 활용

생산관리

2016년 03월 10일 초판 인쇄

2017년 03월 15일 2 쇄 발행

저　　자　이헌

발 행 인　송기수

발 행 처　도서출판 GS인터비전

편 집 처　도서출판 GS인터비전

인 쇄 처　대일문예사

등록번호　제 313-2011-120 호

I S B N　979-11-5576-123-6(93530)

주　　소　서울 은평구 증산로 15길 69 2층

전　　화　02-976-7898, 02-3272-7898.

팩　　스　02-6468-7898

홈페이지　gsintervision.co.kr

E-Mail　gsinter7@gmail.com

정 가　15,000원